쉽게 읽는
페르마의 마지막 정리

FERMAT'S LAST THEOREM
by Amir D. Aczel

Copyright ⓒ 1997 by Amir D. Aczel
Korean translation copyright ⓒ 2003, 2019 KYUNGMOONSA
Korean edition is published by arrangement with
Perseus Books Group through Duran Kim Agency, Seoul.

이 책의 한국어판 저작권은 듀란킴 에이전시를 통한
Perseus Books Group과의 독점계약으로 경문사에 있습니다.
저작권법에 따라 한국 내에서 보호를 받는 저작물이므로
무단전재와 무단복제를 금합니다.

쉽게 읽는 페르마의 마지막 정리

아미르 악셀 지음 | 한창우 옮김

오래된 수학의 수수께끼

경문사

쉽게 읽는
페르마의 마지막 정리

지은이	아미르 악셀
옮긴이	한창우
펴낸이	조경희
펴낸곳	경문사
등 록	1979년 11월 9일 제1979-000023호
주 소	04057, 서울특별시 마포구 와우산로 174
전 화	(02) 332-2004 팩스 (02) 336-5193
홈페이지	www.kyungmoon.com
이메일	kyungmoon@kyungmoon.com
facebook	facebook.com/kyungmoonsa

초판 1쇄 2003년 6월 30일
초판 9쇄 2020년 7월 1일

ISBN 978-89-6105-628-6

값 10,000원

• 잘못된 책은 바꿔드립니다.

머리말

1993년 6월, 오랜 친구인 톰 슐티가 캘리포니아에서 보스턴으로 나를 찾아왔다. 우리는 뉴버리 가에 있는 햇살이 비치는 야외 카페에서, 큰 컵에 담긴 시원한 음료를 앞에 놓고 앉아 있었다. 얼마전에 이혼한 톰은 생각에 잠겨 있다가 내 쪽으로 반쯤 돌아앉으며 "그런데 페르마의 마지막 정리가 막 증명되었어."라고 말했다. 그가 사람이 다니는 길 쪽으로 시선을 두고 있었기 때문에 나는 이것이 새로운 농담임에 틀림없다고 생각했다.

20년 전, 톰과 나는 같은 방 친구였으며, 우리는 캘리포니아 대학 버클리 캠퍼스에서 수학을 공부하던 학부 학생이었다. 페르마의 마지막 정리는 우리가 종종 이야기하던 것이었다. 우리는 또한 함수, 집합, 수체 그리고 위상수학에 대해서도 토론했다. 수학과 학생들은 숙제가 너무 어려웠기 때문에 충분한 수면을 취하지 못했는데, 그것이 우리와 다른 분야의 학생들을 구분하였다. 우리는 아침이 되어 마감이 다가오기 전에 어떤 정리나 그 밖의 다른 것을 증명하려 노력하는 가운데 수학 악몽에 시달렸다. 그런데 페르마의 마지막 정리라니? 어느 누구도 그것이 우리가 살아 있는 동안에 증명되리라 믿지 않았다. 그 정리는 아주 어려웠고, 아주 많은 사람들이 증명하려고 300년 이상이나 노력했다. 우리는 수학의 전 분야가 그 정리를 증명하려고 노력하는 과정에서 상당한 진전을 보았다는 것을 잘 알고 있었다. 그러나 그 증명에 대한 시도들은 계속 실패했다. 페르마의 마지막 정리는 실현 불가능한 것을 상징하게 되었다. 한번은 그 정리에 대한 공인된 불가능을 이용하기도 했다. 수학과 학부를 졸업하고, 버클리에서 오퍼레이션스 리서치(OR) 석사 과정을 밟고 있을 때였다. 외국인 기숙사에서 만난 어떤 거만한 수학과 대학원생이 내가 수학과를 다녔던 경력을 알지 못하고 도움을 주겠다고 제안했다. "나는 순수 수학을 전공하고 있어. 풀 수 없는 수학 문제가 있으면 마음놓고 나에게 물어봐."라고 말했다. 그가 떠나려 할 때 "음, 알았어. 내게 도움을 줄 것이 있긴 한데……"라고 했다. 그는 돌아서며 "그야 물론이지, 그게 무엇인지 말해봐." 우리는 그때 식당에 있었다. 그래서 나는 냅킨을 펼치고는 거기에다 천천히 적어나갔다.

$x^n + y^n = z^n$은 n이 3 이상의 정수인 경우 정수해는 없다.

"지난밤부터 이것을 증명하려 노력하고 있어." 하며 냅킨을 넘겨주었다. 그의 얼굴에서 핏기가 사라지는 것을 보았다. "페르마의 마지막 정리……" 그는 신음하듯 말했다. "그래, 너는 순수 수학을 전공하고 있잖아. 나를 도와줄 수 있겠지?" 그 후로 그 친구는 나를 슬슬 피해 다녔다.

"나는 진지하게 말하고 있는 거야." 남은 음료수를 마저 마시며 톰이 말했다. "앤드류 와일스Andrew Wiles. 그가 지난달 케임브리지에서 페르마의 마지막 정리를 증명했어. 그 이름을 기억해 두라고. 그 이름을 많이 듣게 될 거야." 그 날 밤 톰은 비행기편으로 캘리포니아로 돌아갔다. 그 다음 몇 달 동안, 톰이 내게 농담한 것이 아니라는 것을 실감하게 되었다. 처음에 와일스는 박수갈채를 받았으나 곧 그의 증명에 결함이 발견되어 다시 일년 동안 칩거하였으며 결국은 보완된 증명과 함께 재등장하게 되는 일련의 사건을 나는 추적해 갔다. 그러나 면면이 이어지는 무용담을 뒤쫓아가면서 나는 톰이 반드시 옳지는 않았다는 것을 알게 되었다. 내가 주의를 기울였어야 했던 것은 앤드류 와일스라는 이름만은 아니었다. 나, 그리고 이 세상 사람들은 페르마의 마지막 정리에 대한 증명이 어떤 수학자 한 사람만의 업적이 결코 아니라는 것을 인식해야만 했다. 와일스가 당연히 많은 칭찬을 받았지만, 영예는 켄 리벳Ken Ribet, 배리 마주르Barry Mazur, 시무라 고로志村五郎, 타니야마 유타카裕山豊, 게르하르트 프라이Gerhard Frey 등과 같은 사람들의 몫이기도 하다. 이 책은 이처럼 페르마의 마지막 정리와 관련된 이야기 전체를 말하고 있는데, 카메라나 조명 밖에서 일어난 무대 뒤의 일도 포함하고 있다. 그것은 또한 기만, 음모, 배신의 이야기이기도 하다.

피에르 드 페르마

◇◇◇

"아마 나는 수학 연구에 대한 나의 체험을 어두운 집에 들어가는 것이라는
표현으로 가장 잘 묘사할 수 있을 것이다.
당신이 첫번째 방에 들어가면 그곳은 어둡고 완전히 깜깜하다.
당신은 더듬거리다가 가구에 부딪히기도 할 것이다.
서서히, 당신은 가구들이 어디에 있는지를 알게 된다.
그리고 마지막으로, 6개월 정도 지나면 당신은 스위치를 발견하고 전등을 켠다.
갑자기 모든 것이 밝아지며 당신이 있는 곳을 정확히 볼 수 있게 된다.
그러면 그 다음의 어두운 방으로 들어간다……"
―이것은 앤드류 와일스 교수가 수학자들의 성배 Holy Grail에 대한
자신의 7년 간의 탐구를 묘사한 것이다.

◇◇◇

1993년 6월 23일 먼동이 트기 직전, 존 콘웨이John Conway 교수는 프린스턴 대학 구내에서 어슴푸레한 수학과 건물로 가고 있었다. 그는 정문을 열고 재빨리 연구실로 걸어올라갔다. 동료인 앤드류 와일스가 영국으로 떠나기 전 몇 주 동안, 끊임없는 그러나 명확하지는 않은 소문이 전 세계 수학계에 떠돌고 있었다. 콘웨이는 무언가 중요한 일이 일어나리라 기대하고 있었다. 그러나 그것이 정확히 무엇인지 전혀 감이 잡히지 않았다. 그는 컴퓨터를 켜고 자리에 앉아 화면을 바라보았다. 오전 5시 53분, 간결한 이메일 메시지가 대서양을 가로질러 순식간에 전해졌다.

"와일스가 F.L.T.(Fermat's Last Theorem, 페르마의 마지막 정리)를 증명했다."

1993년 6월, 영국 케임브리지

1993년 6월 하순, 앤드류 와일스 교수는 영국으로 건너갔다. 그는 케임브리지 대학을 다시 찾아온 것이었는데, 20년 전에는 대학원생이었다. 케임브리지에서의 박사논문 지도 교수였던 존 코티스John Coates 교수가 이와사와 이론—앤드류 와일스가 박사 학위논문을 쓴, 정수론의 특정 분야—에 대한 학회를 준비하고 있었다. 코티스는 제자에게 학회에서 자유 주제로 짤막하게 한 시간 가량 강의할 의사가 있는지 물어보았다. 그와 학회 관계자들이 모두 놀란 것은 수줍음 많은 와일스가—예전에는 공개적으로 강의하는 것을 꺼렸다—세 시간짜리 강연을 해도 좋은지를 물었던 것이다.

마흔 살의 와일스는 케임브리지에 도착했을 때 전형적인 수학자로 보였다. 아무렇게나 소매를 걷어올린 와이셔츠, 굵은 뿔테 안경, 가늘고 헝클어진 머리카락 등이 그랬다. 케임브리지 출생으로서, 이번에 돌아온 것은 아주 특별한 귀향이었다. 어린 시절의 꿈을 이룬 것이었다. 이 꿈을 좇아서 앤드류 와일스는 다락방에서 최근 7년 간을 죄수와 별로 다르지 않게 보냈다. 그러나 그는 곧 그 희생, 즉 수년 간의 노력과 오랜 고독이 마감되리라 희망하고 있었다. 지난 7년 동안 와일스는 아내와 딸들의 얼굴을 거의 보지 못하고 살았다. 그러나 이제 가족들과 많은 시간을 함께 할 수 있게 되었다. 그는 가족과의 점심 식사에 가끔 나타나지 못했고, 오후에 차 마시는 시간을 놓쳤으며, 저녁 식사에는 가까스로 참석하곤 했다. 그러나 이제 커다란 영예를 혼자 누리게 된 것이다.

케임브리지의 아이작 뉴턴 경 수리과학연구소는 최근에 업무를 시작했는데, 와일스 교수가 세 시간짜리 강연을 위하여 도착하기 얼마 전의 일이었다. 연구소는 아주 넓었고, 케임브리지 대학과 약간의 거리를 두고 주변 경관이 좋은 곳에 자리잡고 있었다. 강연장 밖의 넓은 터에는 안락의자가 놓여 있었는데, 이는 학자들 그리고 과학자들 사이에 아이디어가 자유롭게 교환되는 것을 활성화하고, 학문과 지식을 증진시키려는 의도에서였다.

와일스는 전문화된 학회에 참가한 수학자들 대부분을 잘 알고 있기는 했지만 그들과의 교제를 피했다. 동료들이 예정된 발표의 분량에 호기심을 나타냈을 때 그저 강의에 참석하면 알게 될 것이라고 했다. 그러한 비밀주의는 수학자의 경우라 하더라도 이례적이었다. 수학자들이 종종 단독으로 정리의 증명을 시도하기도 하며 일반적으로 세상에서 가장 사교적인 사람으로 간주되지도 않지만, 대개는 연구 결과를 서로 공유한다. 수학적인 결과는 프리프린트preprint의 형태로 자유롭게 유통된다. 이 프리프린트 덕분에 저자들은 논문이 출판되기 전에 개선하는 데 도움이 될 외부 논평을 접할 수 있다. 그러나 와일스는 프리프린트를 내놓지도 않았고 다른 사람들과 논의하지도 않았다. 와일스의 강연 제목은 〈모듈라 형식, 타원곡선, 그리고 갈루아 나툼Modular Forms, Elliptic Curves, and Galois Representations〉이었으나, 강의가 어떻게 진행될 것인가에 대하여 아무런 단서도 제공하지 않았고, 전문가들조차 추측할 수 없었다. 시간이 지남에 따라 루머는 확산되었다.

첫날, 와일스는 강의에 참석한 스무 명 정도의 수학자들에게 강력하면서도 예상치 못했던 수학적 연구 결과로 보답했다. 그리고 아직 진행해야 할 강의는 두 번 더 남아 있었다. 무엇이 다가오고 있는가? 모든 사람들에게 와일스의 강의에 참석해야 한다는 것은 명백해졌고, 무언가를 기대하는 수학자들이 강의에 모여들면서 긴장감이 고조되었다.

두 번째 날, 와일스의 발표는 더욱 강화되었다. 200쪽이 넘는 공식과 유도 과정을 제공했는데, 새로운 정리와 그것을 뒷받침하는 길고도 추상적인 증명으로 표현된 독창적인 생각들이었다. 강의실은 이제 포화 상태였다. 모두 열심히 들었다. 어디로 가고 있는가? 와일스는 아무런 단서도 제공하지 않았다. 그는 냉정하게도 계속해서 칠판에 글을 써나갔고, 강의를 마치고는 재빨리 사라졌다.

다음 날인 1993년 6월 23일 수요일에 그의 마지막 발표가 있었다. 와일스는 발표장으로 가면서 길을 트고 지나가야 된다는 것을 알게 되었다. 사람들이 밖에 서 있어서 입장하기 힘들 정도로 강의실은 초만원이었다. 많은 사람들은 카메라도 가지고 왔다. 와일스가 다시 끝이 없어 보이는 공식과 정리를 칠판에 써 나아감에 따라 긴장이 고조되었다. "와일스의 발표에는 단 하나의 절정, 단 하나의 결말만이 가능했다"고 캘리포니아 대학 버클리 캠퍼스의 켄 리벳 교수는 나중에 나에게 말했다. 와일스는 수학에서 알기 어렵고 복잡한 추론인 시무라-타니야마 추론에 대한 증명의 마지막 몇 줄을 마무리하고 있었다. 그리고 갑자기 마지막 한 줄을 보탰는데, 이는 몇 세기나 된 방정식을 다시 써놓은 것이었고, 7년 전에 켄 리벳이 그 추론이 성립하면 그 명제 또한 성립할 것이라고 증명했던 바로 그것이었다. "그리고 이것으로 페르마의 마지막 정리가 증명되었습니다"라고 무덤덤하게 말했다. "여기서 마치는 것이 좋겠습니다."

순간 강의실에는 어리벙벙한 침묵이 흘렀다. 그리고 청중들은 박수갈채를 보냈다. 카메라들이 플래시를 터뜨렸고 모두 기쁨에 넘친 와일스를 축하하기 위해서 일어섰다. 몇 분 내에, 전 세계로 이메일이 전송되었고 팩스가 보내졌다. 유사 이래 가장 유명했던 수학 문제가 해결된 것처럼 보였다.

"아주 예상 밖이었던 것은 다음 날 전 세계 언론에 의하여 압도된 것이었다"고 존 코티스 교수는 회고했는데, 그는 이 학회가 가장 위대한 수학적 성과에 대한 발사 기지가 될 것이라는 생각은 조금도 하지 못했던 것이다. 전 세계 신문들의 머릿기사는 어려운 문제의 예기치 않은 해결을 환호로 맞이했다.

"마침내, 아주 오래 된 수학의 수수께끼에 '유레카'의 외침"이 1993년 6월 24일자 《뉴욕 타임스》의 1면을 장식했다. 《워싱턴 포스트》는 주요 기사에서 와일스를 "수학의 전설적인 영웅"이라 불렀고, 많은 뉴스 매체들은 300년 이상 풀리지 않았던, 수학의 모든 분야에서 가장 끈질긴 문제를 명백히 해결한 사람에 대하여 기사를 내보냈다. 조용하고 비사교적인 앤드류 와일스는 하룻밤 사이에 일반인에게도 친숙한 이름이 되었다.

피에르 드 페르마

피에르 드 페르마Pierre de Fermat는 17세기 프랑스의 법관이자 아마추어 수학자였다. 그러나 그는 판사가 직업이었기 때문에 '아마추어'로 분류되기는 했지만, 대표적인 수학사가인 에릭 템플 벨은 수학의 역사를 쓰면서, 페르마를 "아마추어의 왕자"라고 이름 붙였다. 벨은 페르마가 그 시대의 가장 직업적인 수학자들보다도 훨씬 중요한 수학적 업적을 이룩했다고 생각했다. 또한 벨은 페르마가 17세기에서 가장 많은 연구 결과를 낸 수학자라고 했는데, 17세기에는 역사상 위대한 수학 천재 몇 명이 활동하고 있었다.

페르마의 훌륭한 업적 가운데 하나는 미적분학의 기본적인 아이디어를 개발한 것이었고, 이는 뉴턴이 태어나기 13년 전의 일이었다. 뉴턴 그리고 동시대 사람인 고트프리트 빌헬름 폰 라이프니츠는 현재 미적분학으로 불리는 수학이론을 각자 독립적으로 개발한 것으로 인정받고 있는데, 이 이론은 운동, 가속도, 힘, 궤도, 그리고 연속적인 변화에 대한 다른 수학적 개념의 응용 등을 취급한다.

페르마는 고대 그리스의 수학 서적에 매료되었다. 아마도 고대 그리스 수학자인 아르키메데스와 에우독소스의 저서에서 미적분학에 대한 아이디어를 얻은 것 같은데, 이 두 수학자는 기원전 3세기와 4세기에 활동했다. 페르마는 고대 수학자들의 저작을—그 시대에는 라틴어로 번역되어 있었음—틈날 때마다 연구했다. 그는 유력한 법관으로 근무했지만, 취미와 열정 때문에 옛날 사람들의 업적을 일반화하고 오랫동안 묻혀 드러나지 않았던 수학의 발견에서 새로운 아름다움을 찾아내려는 노력을 계속했다.

그는 "극도로 아름다운 정리를 아주 많이 발견했다"고 말했다. 그리고 읽고 있던 고대 서적 번역본 여백에 그 정리를 간단하게 적어놓곤 했다.

1601년 8월 페르마는 가죽상인이며 보몽 드 로마뉴 Beaumont de

Lomagne 읍의 부영사副領事였던 도미니크 페르마와 의회 법학자 가문의 딸인 클레르 드 롱 사이의 아들로 태어났다. 그리고 8월 20일에 보몽 드 로마뉴에서 세례를 받았다. 부모는 행정관이 되도록 그를 교육시켰다. 그는 툴루즈에 있는 학교에 들어갔고, 서른 살 때 행정관으로 임명되었다. 같은 해인 1631년에 어머니의 사촌인 루이즈 롱과 결혼했다. 피에르와 루이즈는 3남 2녀를 두었다. 아들 가운데 클레망 사무엘은 선친의 과학에 대한 유언집행자가 되어 유작을 출판했다. 사실 그의 유명한 마지막 정리에 대하여 우리가 알 수 있게 된 것은 아들이 페르마의 연구 결과를 담고 있는 책을 출판했기 때문이다. 클레망 사무엘 드 페르마는 여백에 휘갈겨 써놓은 정리의 중요성을 인식하여 재발간한 고대 서적의 번역본에 그것을 첨가했다.

　페르마의 일생은 조용하고 안정적이고 별일이 없었던 것으로 묘사된다. 그는 위엄과 성실로 직무에 임했고, 1648년에는 툴루즈 지방의회의 칙선의원으로 승진하였는데, 1665년에 죽을 때까지 이 직책을 유지했다. 페르마가 국왕을 위해 행한 중요한 직무와 헌신적이며 유능하고도 양심적인 임무 수행으로 이루어진 그의 생애를 고려할 때, 많은 역사가들은 그가 어떻게 최고 수준의 수학적 성과를 그렇게도 많이 올릴 시간과 정신력을 가졌을지 어리둥절해한다.

Arithmeticorum Lib. II. 85

teruallo quadratorum, & Canones iidem hic etiam locum habebunt, vt manife-
stuum est.

QVÆSTIO VIII.

PROPOSITVM quadratum diuidere in duos quadratos. Imperatum sit vt 16. diuidatur in duos quadratos. Ponatur primus 1 Q. Oportet igitur 16 − 1 Q. æquales esse quadrato. Fingo quadratum à numeris quotquot libuerit, cum defe- ctu tot vnitatum quot conti- net latus ipsius 16. esto à 2 N. − 4. ipse igitur quadratus erit 4 Q. + 16. − 16 N. hæc æqua- buntur vnitatibus 16 − 1 Q. Communis adiiciatur vtrimque defectus, & à similibus aufe- rantur similia, fient 5 Q. æqua- les 16 N. & fit 1 N. ⅘. Erit igi- tur alter quadratorum ¹⁶⁄₂₅. alter verò ²⁵⁶⁄₂₅. & vtriusque summa est ⁴⁰⁰⁄₂₅ seu 16. & vterque quadratus est.

[Greek text of Diophantus]

페르마의 아들 사무엘 Samuel이 출판한 디오판토스의 《산술》에 재현된 삐에르 드 페르마의 '마지막 정리.' 페르마의 육필 기록이 적혀 있던 본래의 디오판토스 책은 발견되지 않았다.

어떤 프랑스 전문가는 페르마의 공식적인 업무가 실제로는 수학 연구에 유리하게 작용했을 것이라는 의견을 제시했는데, 프랑스 의회의 칙선 의원은 뇌물 및 매수 유혹을 피하기 위하여 비공식적인 접촉을 최소화했을 것으로 추정된다는 것이었다. 페르마는 틀림없이 격무로부터의 기분 전환이 필요했을 것이고, 사회 생활을 제한해야 했기에, 수학은 아마도 휴식을 제공했을 것이다. 그리고 미적분에 대한 아이디어가 페르마가 이룩한 유일한 성과는 아니었다. 페르마는 우리에게 정수론을 선물했다. 정수론의 중요한 요소로는 소수라는 개념이 있다.

소수

숫자 2, 3은 소수 prime number이다. 숫자 4는 2와 2의 곱, 즉 $2 \times 2 = 4$이기 때문에 소수가 아니다. 숫자 5는 소수이다. 숫자 6은 4와 마찬가지로 두 숫자의 곱, 즉 $2 \times 3 = 6$이기 때문에 소수가 아니다. 7은 소수, 8은 아니고($2 \times 2 \times 2 = 8$), 9도 아니고($3 \times 3 = 9$), 10 또한 아니다. 그러나 11은 다시 소수인데 곱해서 11이 되는 정수는 11 자신과 1을 제외하고는 존재하지 않기 때문이다. 12는 소수가 아니고, 13은 그렇고, 14는 아니며, 15도 아니고, 16도 아니고, 17은 소수이고……. 여기에는 숫자들이 네 번째마다 소수가 아니라든가 또는 더욱 복잡한 패턴을 보인다든가 하는 명백한 구조라는 것은 존재하지 않는다. 그 개념은 고대로부터 인류를 어리둥절하게 했다.

소수는 정수론에서 핵심적인 요소인데, 겉으로 드러나는 규칙성이 없다는 것이 정수론이 하나의 분야로 통일되지 않은 것처럼 보이게 하고, 문제들이 고립되어 있으며 풀기 어렵고, 수학의 다른 분야와 분명한 관련이 없는 것처럼 보이게 하는 데 이바지하고 있다.

배리 마주르에 따르면 "정수론은, 그 황홀한 꽃 주위에 달콤하고 순결한 공기를 포함하는 무수한 문제를 별 노력 없이 만들어내지만…… 정수론은, 유혹에 빠진 꽃 애호가들을 물기 위해 기다리는 벌레들로 우글거리고 있으며, 한 번 그 벌레에 물리면 그 사람은 노력을 기울이지 않을 수 없도록 고무된다."

여백에 남겨진 유명한 기록

페르마는 숫자의 매력에 빠져들었으며 숫자 속에서 아름다움과 의미를 발견하게 되었다. 정수론에 관한 많은 정리를 만들어냈는데, 그중 하나는 $2^{2^n}+1$ (2의 '2의 n 제곱'의 제곱 더하기 1) 형태의 모든 숫자는 소수라는 것이었다. 나중에 이 형태의 숫자 중에 소수가 아닌 것이 발견되어 그 정리는 옳지 않다는 것으로 판명되었다.

페르마가 고이 간직했던 고대 서적의 라틴어 번역본 중에 《산술 Arithmetica》이라는 책이 있었는데, 그 책은 기원후 3세기경에 알렉산드리아에 살았던 그리스 수학자 디오판토스가 쓴 것이었다. 1637년경 페르마는 디오판토스 책에서 어떤 숫자의 제곱을 다른 숫자의 제곱 두 개로 분할하는 문제의 여백에 다음과 같이 라틴어로 적어놓았다.

한편 세제곱을 두 개의 세제곱으로, 또는 네제곱을 두 개의 네제곱으로, 또는 일반적으로 제곱을 제외한 임의의 거듭제곱을 같은 지수의 거듭제곱 두 개의 합으로 분리하는 것은 불가능하다. 나는 이에 대한 진정 경이로운 증명을 발견했다. 그러나 여백이 충분하지 않아 적어놓을 수 없다.

이 수수께끼 같은 진술이 여러 세대의 수학자들에게 페르마가 확보했다고 주장했던 "진정 경이로운 증명"을 재현하려고 끊임없이 시도하도록 했다. 정수의 제곱은 두 개의 다른 정수의 제곱으로 쪼개질 수도 있지만(예를 들어, 5의 제곱은 25인데 4의 제곱(16)과 3의 제곱(9)의 합이다), 같은 과정이 세제곱이나 그 이상의 제곱에 대하여는 성립하지 않는다고 하는데, 이것은 믿을 수 없을 정도로 간단해 보인다.

페르마가 작성한 다른 정리들은 모두 1800년대 초반까지 증명되거나 반증되었다. 이 간단해 보이는 진술만 미해결로 남아 있었고, '페르마의 마지막 정리Fermat's Last Theorem'라는 이름이 주어졌다. 그것은 정말로 옳은가? 20세기에 들어와선 컴퓨터를 사용해 그 정리가 옳다는 것을 증명하려고 시도했지만 성공하지 못했다. 컴퓨터는 아주 큰 숫자에 대하여 정리를 증명할 수는 있었지만, 모든 숫자에 대하여 일반적으로 증명하는 데에는 도움이 되지 않았다. 그 정리는 수십억 개의 숫자에 대하여 점검될 수 있었으나, 아직 무한히 많은 숫자—그리고 무한히 많은 지수—가 점검되지 않은 채 남아 있었다. 페르마의 마지막 정리를 확립하기 위해서는 수학적인 증명이 필요했다.

1800년대에는 증명을 완결한 사람에게 줄 상금을 프랑스와 독일 과학 아카데미에서 내걸었고 매년 수천 명의 수학자와 아마추어 그리고 괴짜들이 '증명'을 수학학술지와 판정위원회에 보냈지만 헛수고인 것으로 결말이 났다.

1993년 7~8월, 치명적인 결함 발견되다

수학자들은 와일스가 6월의 역사적인 그 수요일에 연단에서 내려갔을 때 조심스럽긴 했지만 낙관적이었다. 결국 350년 묵은 수수께끼가 풀린 것으로 보였다. 와일스의 긴 증명은 페르마 시대뿐 아니라 20세기까지도 알려지지 않았던 복잡한 수학의 개념과 이론을 사용했기 때문에, 다른 전문가들이 검증할 필요가 있었다. 그 증명 과정은 많은 대표적인 수학자들에게 보내졌다. 아마도 와일스가 다락방의 은둔 상태에서 7년 동안 혼자 일한 것이 마침내 보상받은 것 같았다. 그러나 낙관론은 오래 가지 못했다. 몇 주 안에 와일스의 논리에서 허점이 발견되었다. 그는 그것을 해결하려 했지만 틈새는 간단히 사라질 것 같지 않았다.

와일스와 가까운 친구인 프린스턴의 수학자 피터 사르낙Peter Sarnak은 와일스가 두 달 전에 케임브리지에서 전 세계에 완결했다고 발표했던 증명 때문에 매일 고뇌하는 것을 바라봐야 했다. 사르낙은 "마치 앤드류가 너무 큰 카펫을 방바닥에 꼭 맞게 깔려고 노력하는 것 같았다"고 했다. "한쪽을 맞추면 다른 한쪽이 벽 위로 올라가고, 그러면 거기로 가서 다시 끌어내리고…… 그러고 나면 다른 쪽에서 솟아오를 것이다. 카펫이 맞는 크기인지 아닌지는 그가 결정할 수 있는 문제가 아니었다."

와일스는 다락방으로 되돌아갔다. 《뉴욕 타임스》와 다른 매체의 기자들은 그가 혼자 일하도록 내버려두었다. 증명이 완결되지 않은 채 시간이 지나자 수학자들과 대중은 페르마의 정리가 과연 옳기나 한 것인가 의심하기 시작했다. 와일스 교수가 확보했다고 세계를 확신시켰던 경이로운 증명은 페르마 자신의 "불행하게도 여백이 너무 작아 적어놓지 못한 진정 경이로운 증명"보다 더 현실적이랄 것도 없게 되었다.

티그리스 강과 유프라테스 강 사이, 기원전 2000년 무렵

페르마의 마지막 정리에 대한 이야기는 페르마 자신보다도 훨씬 더 오래된 것이다. 심지어 페르마가 일반화하려고 노력했던 책을 쓴 디오판토스

보다도 오래 되었다. 이 간단해 보이지만 난해한 정리의 원천은 인류 문명만큼 오래 되었다. 그것들은 고대 바빌로니아(오늘날의 이라크)의 티그리스 강과 유프라테스 강 사이의 비옥한 초승달 지대에서 발달했던 청동기 문화에 뿌리를 두고 있다. 그리고 페르마의 마지막 정리가 과학, 공학, 수학—심지어 그 정리를 취급하는 정수론에서조차도 아무런 적용 분야가 없는 추상적인 진술인 반면에, 이 정리의 뿌리는 기원전 2000년의 메소포타미아 사람들의 일상 생활에 기반을 두고 있다.

기원전 2000년에서 기원전 600년까지 메소포타미아 계곡에서 발생한 고대문명을 바빌로니아 시대라 한다. 이 시대에는 문자와 바퀴의 사용 그리고 금속 세공을 포함한 괄목할 만한 문화 발전이 있었다. 두 강 사이의 넓은 지역에 물을 공급하기 위해 수로 체계가 갖추어졌다. 바빌론의 비옥한 계곡에 문명이 번창하면서 이 평야에 살던 고대인들은 교역을 하고 바빌론과 우르(아브라함이 태어난 곳)와 같은 번영하는 대도시도 건설하였다. 더욱 이른 시기인 기원전 네 번째 밀레니엄이 끝날 무렵에 이미 문자의 원시적인 형태가 메소포타미아와 나일 강 계곡 모두에서 개발되었다.

메소포타미아에서는 진흙이 풍부했고 쐐기 모양의 기호가 부드러운 점토판에 첨필로 각인되었다. 그러고 나서 이 판들을 가마에 굽거나 햇볕에 쬐어 딱딱하게 만들었다. 이런 형태의 문자를 쐐기문자 cuneiform라 하는데, 쐐기를 의미하는 라틴어 cuneus가 어원이다. 쐐기문자는 세상에 알려진 바로는 최초의 문자이다.

바빌론과 고대 이집트에서의 상업과 건축은 계산을 필요로 했다. 이 청동기 사회의 초기 과학자들은 원주와 원의 지름 사이의 비율을 추정할 수 있었는데, 오늘날 파이(π)라는 것에 근접한 숫자를 얻었다. 거대한 지구라트(Ziggurat; 옛 바빌로니아·아시리아의 피라미드형 신전―옮긴이), 성서에 나오는 바벨탑, 고대 세계의 7대 불가사의 중 하나인 공중정원 등을 건설한 사람들은 면적과 부피를 계산하는 방법을 알아야만 했다.

부는 제곱된 양이다

60을 기본으로 한 복잡한 숫자 체계가 발전되었고, 바빌로니아의 기술자와 건축가 들은 일상 업무에 필요한 양을 계산할 수 있게 되었다. 숫자의 제곱은 일상생활에서 의외로 자연스럽게 나타난다.

숫자의 제곱은 부의 척도로 생각될 수 있다. 농부의 재산은 그가 생산할 수 있는 수확의 양에 비례한다. 그리고 수확은 농부가 경작하는 토지의 넓이에 좌우된다. 넓이는 땅의 길이와 폭의 곱이며, 여기가 제곱이 개입하는 곳이다. 길이와 폭이 모두 a인 땅의 면적은 a^2이다. 따라서 이런 의미에서 부富라는 것은 제곱된 양量이다.

바빌로니아 사람들은 어떤 경우에 그러한 정수의 제곱이 다른 정수의 제곱으로 분할될 수 있는지를 알고 싶었다. 25제곱단위(예를 들면 제곱미터―옮긴이)의 땅 한 필지를 갖고 있는 농부는 그것을 정사각형 모양의 땅 둘과 교환할 수 있었을 것이다. 하나는 16제곱단위짜리이고 다른 하나는 9제곱단위, 따라서 5단위 곱하기 5단위의 땅은 두 조각의 땅, 즉 4곱하기 4짜리와 3곱하기 3짜리를 합한 것과 같다. 이것은 현실 문제를 해결하기 위해서 중요했다. 우리는 이 관계를 공식 $5^2=3^2+4^2$으로 쓸 것이다. 그리고 3, 4, 5와 같이 그 제곱들이 이 관계를 만족할 때 그 세 정수를 피타고라스 삼중수Pythagorean triples라 한다. 그것은 유명한 그리스의 수학자 피타고라스 시대보다 1천 년도 더 전에 바빌로니아 사람들에게 이미 알려져 있었지만 현재 그렇게 부르고 있다. 우리는 이 모든 것을 기원전 1900년쯤에 제작된 것으로 추정하는 예사롭지 않은 점토판 때문에 알게 되었다.

'플림프턴 322'

바빌로니아 사람들은 점토판을 사용해 무언가를 기록했다. 풍부한 진흙과 쐐기문자 기록 방법은 많은 점토판을 만드는 것을 가능하게 했다. 점토판은 그 내구성 덕택에 오늘날까지도 많이 남아 있다. 고대 니푸르 Nippur의 유적 단 한 곳에서 5만 개 이상의 점토판이 발굴되어 예일 대학, 컬럼비아 대학, 펜실베이니아 대학 등의 도서관에 소장되어 있다. 이 점토판 중 많은 것들은 박물관 지하실에서 먼지에 뒤덮여 있으며 연구도

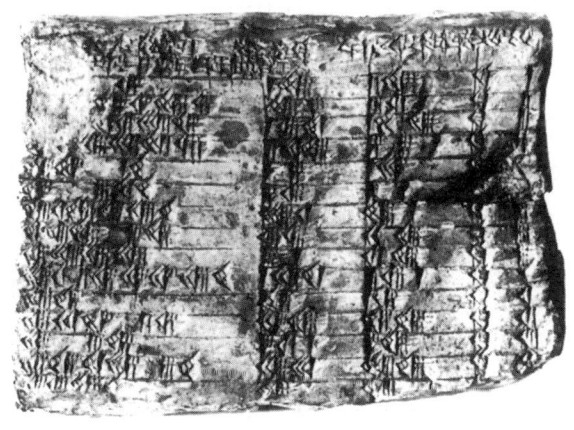

플림프턴 322(컬럼비아 대학)

되지 않고 해독도 되지 않은 채 방치되어 있다.

해독된 점토판 가운데 하나는 아주 주목할 만하다. 이 점토판은 컬럼비아 대학에 있는데, 플림프턴Plimpton 322라 부른다. 그것은 15세트의 삼중수에 대한 내용이다. 거기에 나오는 삼중수 각각은 첫번째 수가 정수의 제곱이며 나머지 두 숫자의 합이 되는 특성이 있는데, 그 숫자들 또한 각각 정수의 제곱이다. 즉 그 표는 15종류의 삼중수를 포함하고 있다. 이미 거론된 숫자인 $25=16+9$는 피타고라스 삼중수를 이룬다. 플림프턴 322에 있는 또 다른 피타고라스 삼중수는 $169=144+25$ ($13^2=12^2+5^2$)이다.

모든 학자들이 고대 바빌로니아 사람들이 이 숫자에 흥미를 가졌던 이유에 대하여 같은 의견인 것은 아니다. 한 이론은 단지 실용적인 이유 때문이었다는 것인데, 그들이 60진법을 사용했기 때문에 분수보다는 정수를 선호했으며, 따라서 정수의 제곱으로 멋있게 실용적인 문제를 해결하려는 수요가 컸다는 것이다. 그러나 다른 전문가들은 숫자 자체에 대한 관심 또한 바빌로니아 사람들의 제곱수에 대한 흥미를 유발했을 수도 있다고 생각한다. 동기야 어찌되었든 플림프턴 322는 당시의 학생들에게 완전제곱수와 관련된 문제의 해법을 가르치는 교재로 사용되었던 것 같다.

어쨌든 바빌로니아 사람들은 그런 문제를 푸는 데 일반적인 이론을 발전시키고자 한 것은 아니었고, 삼중수를 열거하는 표를 제공함으로써 어떻게 이 표를 읽고 사용할 것인지를 학생들에게 가르치려 했음이 분명하다.

비밀 엄수를 맹세한 숫자 숭배자들

피타고라스는 기원전 580년경에 그리스의 사모스 섬에서 태어났다. 그는 바빌론, 이집트, 아마도 인도까지 두루 여행했던 것 같다. 피타고라스는 여행 중에 특히 바빌론에서 수학과 접하였고 그의 이름을 딴 숫자인 피타고라스 삼중수에 대하여 알게 된 것 같은데, 이에 대하여는 바빌로니아의 과학자와 수학자들이 이미 1500년 이상 오랜 기간 알고 있었다. 피타고라스는 예술과 건축에서 놀라운 작품을 만들었던 사람들과 접촉했고, 이 경이로운 것들과 관련된 수학적인 측면은 그에게 깊은 인상을 주었다. 피타고라스는 또한 여행 중 동방의 종교와 철학에 접하기도 했다.

피타고라스는 그리스로 돌아온 후 사모스 섬을 떠나 남부 이탈리아의 크로톤으로 이주했다. 피타고라스가 고대 세계의 7대 불가사의의 대부분을 보았음에 틀림없다는 것 또한 흥미 있다. 이 불가사의의 하나인 헤라 사원은 사모스 섬, 즉 피타고라스가 태어난 바로 그곳에 있었다. 오늘날 그 장엄한 사원의 폐허는—수백 개의 기둥 가운데 지금까지 서 있는 것은 하나밖에 없지만—섬의 유명한 인물을 기리기 위해 이름지어진 피타고리온이라는 현대식 도시에서 조금만 걸으면 갈 수 있다. 해협을 가로질러 북쪽으로 몇 마일만 가면 현재는 터키 영토인 고대 에페소스의 유적에 또 다른 불가사의인 아르테미스 신전이 있었다. 로도스의 거상도 사모스 섬 남쪽에 가까이 있었다. 피라미드와 스핑크스는 이집트에 있었고 피타고라스는 여행 중에 그것들을 보았을 것이고 바빌론에서 공중정원을 보았음에 틀림없다.

피타고라스가 정착했던 크로톤과 남부 이탈리아의 많은 지역을 포함하는 이탈리아 반도는 그 당시 그리스 세계—대 그리스 Magna Graecia—의 일부였다. 이 '광역 그리스'는 동부 지중해 전역에 걸친 정착지를 포함했는데, 이집트의 알렉산드리아도 그리스인들의 높은 인구 구성비율과 함께 이에 포함되며, 그 후손들은 1900년대 초까지도 그곳에 살았다. 크로톤에서 멀지 않은 곳에 예언자들을 위한 동굴이 있었는데, 시민과 국가의 운명 및 미래를 예언했던 델피의 신탁소와 유사했다.

숫자가 모든 것이다

이탈리아의 남단 불모의 황량한 환경에 피타고라스는 숫자 연구만을 위한 비밀단체를 설립했다. 피타고라스 학파라고 알려진 그 단체는 많은 수학적 지식을 굉장히 비밀스럽게 발전시켰던 것 같다. 그들은 숫자를 숭배했고 마술적인 성질이 있다고 믿었다. 그들에게 관심이 있었던 것은 '완전수'였다. 완전수의 정의 중 하나는—중세까지도 계속 추구된 개념이며 유태인의 신비철학 Jewish Kabbalah과 같은 신비주의 계통에도 나타나는데—그 약수들의 합이 본래의 숫자와 같은 숫자이다.

완전수에 대한 가장 좋으면서도 간단한 예는 숫자 6이다. 6은 3과 2와 1의 곱이다. 이것들은 이 숫자의 약수이고 $6=3\times2\times1$이 성립한다. 그러나 또한 그 똑같은 약수를 더한다면 $6=3+2+1$로 숫자 6을 얻을 것이라는 데 주목하자. 그런 의미에서 6은 '완전'하다. 또 다른 완전수는 28인데, 28의 약수는 1, 2, 4, 7, 14이며, 약수를 합하면 $1+2+4+7+14=28$이 되기 때문이다.

피타고라스 학파 사람들은 금욕적인 생활 양식을 따랐으며 철저한 채식주의자였다. 그러나 그들은 콩을 먹지 않았는데, 그것이 고환을 닮았다고 생각했기 때문이었다. 그들이 숫자에 몰두한 것은 종교적인 이유가 아주 강했으며, 철저한 채식주의는 종교적인 믿음에 근원을 두고 있었다. 비록 피타고라스 시대의 기록은 아무것도 남아 있지 않지만 지도자와 추종자들에 대하여 나중에 기록한 문헌은 지금도 많이 전해지고 있으며, 피타고라스 자신은 고대의 가장 위대한 수학자 가운데 하나로 생각되고 있다. 그는 직각삼각형의 변들이 제곱과 관련된 피타고라스 정리를 발견한 것으로 되어 있는데, 그 정리는 피타고라스의 삼중수, 그리고 궁극적으로는 2천년 뒤에 등장한 페르마의 마지막 정리와 밀접한 관련이 있다.

빗변의 제곱은 다른 두 변의 제곱의 합과 같다

피타고라스 정리 자체는 바빌론에서 생겨났다고 볼 수도 있는데, 바빌로니아 사람들이 피타고라스의 삼중수를 명확하게 이해하고 있었기 때문이다. 그러나 피타고라스 학파 사람들은 그 문제를 기하학적인 언어로 정착

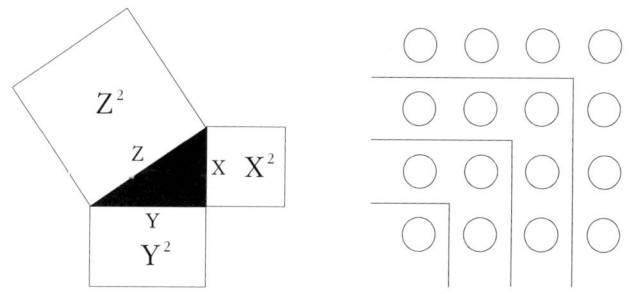

시키고 자연수(양의 정수로 0은 포함되지 않음)의 영역 밖으로 일반화한 업적을 인정받고 있다. 피타고라스 정리는 그림에 보인 바와 같이 직각삼각형 빗변의 제곱은 나머지 두 변의 제곱의 합과 같다는 것을 그 내용으로 한다.

빗변이 정수 5(제곱은 25)일 때 두 제곱의 합으로 표현된 보통의 피타고라스 풀이는 정수 4(제곱은 16)와 정수 3(제곱은 9)이 될 것이다. 그래서 피타고라스 정리를 정수(1, 2, 3, …과 같은 자연수)에 적용하면, 그보다 천 년 전에 바빌론에서 이미 알고 있었던 피타고라스의 삼중수를 얻을 수 있다.

덧붙여 말하자면, 피타고라스 학파 사람들은 자연수의 제곱은 홀수로 이루어진 수열의 합으로 표현된다는 것도 알고 있었다. 예를 들어 $4=1+3$, $9=1+3+5$, $16=1+3+5+7$ 등이다. 그들은 숫자를 정사각형 패턴으로 시각적 배열을 함으로써 이러한 특성을 나타냈다. 인접한 두 변을 따라 배치된 홀수 개의 점이 이전의 정사각형에 더해지면 새로운 정사각형이 형성된다.

정수, 분수, 그리고 그 밖의 무엇?

그러나 피타고라스 학파 사람들은 정수와 분수($\frac{1}{2}$, $\frac{1}{3}$, $\frac{5}{8}$, $\frac{147}{1769}$ 등과 같은 숫자들) 외에도 더 많은 것을 알고 있었는데, 정수와 분수는 바빌론과 이집트 사람들도 옛날에 이미 알고 있었다. 피타고라스 학파 사람들은 무리수, 즉 분수로 표현되지 않고 순환되지 않는 무한소수로 쓰여야 하는 숫자를 발견했던 사람들이다. 그런 예의 하나는 π(3.141592654…)라는 숫자인데, 원둘레와 지름의 비율이다.

π라는 숫자는 끝이 없다. 그것은 무한히 많은(즉, 끝이 없는) 순환되지 않는 자릿수를 갖고 있기 때문에 완전히 쓰려면 영겁의 세월이 필요한 것이다. 그것을 나타낼 때 간단히 파이(π)라고 말한다. 또는 3.14, 3.1415 등과 같이 임의의 유한한 자릿수까지 쓸 수도 있다. 20세기에 와서는 컴퓨터를 사용하여 π를 수백만 자리 이상까지 계산해냈지만 그렇게 중요한 것은 아니다. π는 기원전 두 번째 밀레니엄의 바빌로니아와 이집트의 사람들에게 다양한 근사값으로 알려져 있었다. 그들은 대략 3으로 택했는데 바퀴를 발명하면서 자연스럽게 알게 되었다. π는 또한 피라미드에 대한 여러 측정에서도 나타난다.

π의 값은 구약성서에서도 암시되어 있는데 〈열왕기상〉 7장 23절에

서, 건축된 원형의 벽에 대해서 읽을 수 있다(직경이 10큐빗, 높이가 다섯 큐빗, 둘레가 삼십 큐빗이 되었다.―옮긴이). 둘레와 지름에 대하여 고대 이스라엘 사람들이 π를 대강 3으로 택했다는 것을 알 수 있다.

피타고라스 학파 사람들은 2의 제곱근이 무리수라는 것을 알아냈다. 두 변의 길이가 모두 1 단위인 직각삼각형에 피타고라스의 정리를 적용함으로써 피타고라스 학파 사람들은 빗변이 이상한 숫자, 즉 2의 제곱근이라는 것을 알게 되었다. 그들은 이 숫자가 정수가 아니며, 심지어 분수, 즉 유리수도 아니라는 것을 확인할 수 있었다. 이것은 규칙적으로 반복되지도 않으며 끝없는 자릿수로 표현되는 숫자였다.

π의 경우와 같이 2의 제곱근(1.414213562…)을 정확히 쓰려면 영겁의 시간이 걸릴 것인데, 이는 자릿수가 무한하며 유일무이한 수열(모든 자릿수를 다 쓰지 않고도 나타낼 수 있는 1.857142857142857142857142857… 등과 같이 반복되는 수열이 아님)을 이루기 때문이다. 순환소수로 표현되는 임의의 숫자는(이번 경우에 수열 857142가 이 숫자의 소수 부분에서 계속 반복된다.) 유리수이며 두 정수의 비율로 나타난다. 이 예에서 두 정수는 13과 7이다. $\frac{13}{7}$의 비율은 1.857142857142857142…와 같고, 857142라는 패턴은 영원히 반복된다. 2의 제곱근이 무리수라는 발견은 이들 진지한 숫자 숭배자들을 경악과 충격으로 몰아넣었다. 그들은 공동체 외부

누구에게도 말하지 않기로 맹세했다. 그러나 말이 새어나갔다. 전설에 따르면 기묘한 무리수의 존재에 대한 비밀을 세상에 누설한 구성원을 피타고라스 자신이 물에 빠뜨려 죽였다 한다.

수직선에 있는 숫자들은 두 가지 서로 다른 종류, 즉 유리수와 무리수로 이루어져 있다. 한꺼번에 보면 그것들은 전 수직선을 빈틈없이 채운다. 숫자들은 서로 정말로 아주 가까이(무한히 가까이) 있다. 유리수는 실수축 모든 곳에서 조밀하다. 어떤 유리수 주위의 임의의 이웃, 즉 임의의 작은 구간은 무한히 많은 수의 무리수를 포함하고 있다. 그리고 역으로 모든 무리수 주위에는 무한히 많은 유리수가 있다. 유리수와 무리수의 집합은 둘 다 무한하다. 그러나 무리수는 너무 숫자가 많아서 유리수의 숫자를 능가한다. 그것들의 무한대 서열order이 더 높기 때문이다. 이 사실을 1800년대에 게오르크 칸토어(Georg Cantor, 1845~1918)라는 수학자가 입증하였다. 그러나 그 시대에는 거의 아무도 칸토어를 믿지 않았다. 그의 천적 레오폴트 크로네커(Leopold Kronecker, 1823~1891)는 얼마나 많은 유리수와 무리수가 있는가에 대한 칸토어의 이론에 대하여 빈정대고 조롱했다. 크로네커는 "신은 정수를 만들었고, 나머지는 모두 인간의 작품이다"라고 한 것으로 알려졌는데, 이는 그가 2의 제곱근과 같은 무리수가 존재한다는 것을 믿지 않았다는 것을 의미한다!(이것은 피타고라스 시대에서 2천 년 이상 지난 뒤의 일이었다.) 크로네커는 칸토어가 명문 베를린 대학의 교수직을 얻지 못하게 방해했고 궁극적으로는 신경쇠약에 시달리다 정신박약으로 정신병원에서 생을 마감하도록 했기 때문에 그의 적대 행위는 비난받고 있다. 오늘날 모든 수학자들은 칸토어가 옳았다는 것과 유리수와 무리수의 집합들이 모두 무한하지만 무리수가 유리수보다 무한히 더 많다는 것을 잘 알고 있다. 그러면 고대 그리스인들도 그런 사실을 알고 있었을까?

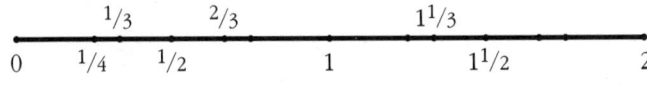

유리수 사이에 무리수가 있다. 유리수는 분수로 표현된다.

피타고라스가 남긴 것

피타고라스 학파의 생활 가운데 중요한 부분은 식사 규칙과 숫자 숭배 그리고 비밀스런 회합 및 의식과 함께 도덕적 기초로서의 철학과 수학에 대한 연구였다. 피타고라스는 철학 philosophy이라는 말과 수학 mathematics이라는 말을 만들어냈던 것으로 믿어지는데, 각각 '지혜에 대한 사랑' 과 '배워야 할 것' 을 의미한다. 피타고라스는 수학이라는 과학을 교양 교육의 형태로 변환시켰다.

피타고라스는 기원전 500년경에 사망했고 어떤 기록도 남기지 않았다. 크로톤에 있던 본거지는 경쟁적 정치집단인 시바리스 사람들Sybaritics이 그들 대부분을 살해했을 때 파괴되었다. 생존자들은 지중해 주변의 그리스 곳곳으로 흩어졌는데, 그들은 철학과 수 신비주의를 여러 곳에 퍼뜨렸다. 피난민들에게 수학이라는 철학을 배운 사람 중에는 타렌툼의 필롤라오스philolaos가 있었다. 그는 피타고라스 학파 사람들이 그 도시에 설립한 새로운 센터에서 공부했다. 필롤라오스는 피타고라스 교단의 역사와 이론을 기록한 최초의 그리스 철학자였다. 플라톤이 숫자,

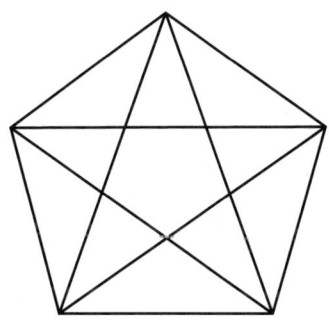

우주론, 신비주의에 대한 피타고라스 학파의 철학을 배운 것은 필롤라오스가 쓴 책을 통해서였고, 나중에 플라톤 자신도 숫자, 우주론, 신비주의 등에 대한 저술을 남겼다.

피타고라스 교단의 특별한 상징은 오각형에 묻혀 있는 뿔이 다섯인 별이었다. 오각성을 구성하는 대각선은 서로 교차하여 더욱 작은 또 다른 오각형을 거꾸로 선 방향으로 만들어낸다. 이 작아진 정오각형의 내부에 대각선을 그으면 또 다른 정오각형을 형성할 것이고, 이 과정은 무한히 반복될 수 있다. 이 오각형과 그 대각선들로 이루어진 오각성은 매혹적인 특성이 있는데, 이러한 것들을 피타고라스 학파 사람들은 신비스러운 것이라고 믿었다. 대각선의 교차점은 대각선을 길이가 같지 않은 두 부분으로 나눈다. 전체 대각선의 큰 조각에 대한 비율은 큰 조각의 작은 조각에 대한 비율과 정확히 같다. 이러한 비율은 작고 더 작은 모든 대각선에 대해서도 성립한다. 이 비율을 황금분할Golden Section이라 한다. 그것은 무리수이며 1.618…과 같다. 만약 여러분이 1을 이 숫자로 나눈다면 1을 제외한 소수부분을 얻을 것이다. 즉 0.618…을 얻을 것이다. 나중에 알게 되겠지만 황금분할은 사람의 눈이 아름답다고 인식하는 비례일 뿐만 아니라 자연 현상에서도 많이 나타난다. 그것은 우리가 곧 만날 그 유명한 피보나치 수Fibonacci number에서 연속적인 숫자들 사이의 비율의 극한값에 해당된다.

여러분은 흥미로운 일련의 연산을 계산기로 해봄으로써 황금분할을 구할 수 있다. 1+1=을 하고 나서 1/x를 누르고 +1=, 그리고 1/x, 그리고 +1=, 그리고 1/x의 과정을 계속한다. 충분히 여러 번 연산을 반복하면 출력으로 나오는 숫자는 1.618… 그리고 0.618… 이 교대로 나올 것이다. 이것이 황금분할이다. 그것은 5의 제곱근 빼기 1을 2로 나눈 것과 같다. 이것은 황금분할을 피타고라스 오각형 Pythagorean Pentagon에서 기하학적인 방법을 통하여 얻어내는 방식이다. 이 비율은 결코 두 정수의 비가 되지 않기 때문에 결코 유리수가 될 수 없으며, 이것은 5의 제곱근이 무리수임을 보여준다. 나중에 황금분할에 대하여 좀더 자세히 살펴볼 것이다.

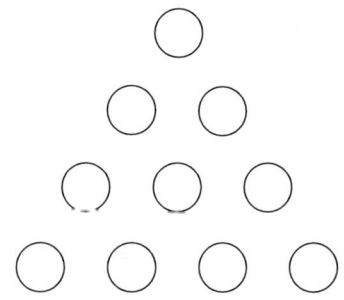

피타고라스 학파 사람들은 음악에서 화음이 숫자들의 간단한 비율에 대응된다는 것을 발견했다. 아리스토텔레스에 따르면 피타고라스 학파 사람들은 천상의 모든 것이 음계와 숫자로 이루어졌다고 믿었다. 음악의 화음 그리고 기하학적 디자인들은 피타고라스 학파 사람들이 "만물은 숫자이다"라고 믿도록 이끌었던 것이다. 피타고라스 신봉자들은 음악에서의 기본적인 비율이 단지 1, 2, 3, 4의 숫자만 수반한다고 생각했는데, 그것들의 합은 10이다. 그리고 10은 또한 모든 수 체계의 기본이다. 피타고라스 학파 사람들은 숫자 10을 테트락티스 tetraktys라 불렀던 삼각형으로 표현했다.

피타고라스 학파 사람들은 테트락티스를 신성시했으며 심지어 그것에 맹세하기까지 했다. 또한 아리스토텔레스, 오비드 및 다른 고전 저자들에 따르면 수 10은 사람의 손가락이 열 개이기 때문에 수 체계의 기본으로 선택되었다는 것이다. 이와는 달리 바빌로니아 사람들이 60진법을 사용했음을 상기해 보자. 오늘날에도 다른 수 체계에 대한 유물이 남아 있다. 프랑스어 80(quatre-vingt, '사 이십'을 의미)은 옛날 20진법의 잔재이다.

긴 밧줄과 나일 강, 기하학의 탄생

우리가 고대 그리스 수학에 대하여 알고 있는 대부분은 기원전 300년경 알렉산드리아에서 살던 유클리드Euclid가 쓴 《원론Elements》에서 나온 것이다. 《원론》의 처음 두 권은 모두 피타고라스와 비밀 단체의 업적에 대한 것이라고 생각된다. 고대 그리스인들의 수학은 아름다움 자체를 위하여 연구되었으며 추상적인 기하학적 도형과 관련이 있었다. 그리스인들은 기하학의 이론 전체를 발전시켰고 오늘날 학교에서 가르치는 것은 바로 이 이론인데 지금도 거의 달라진 것이 없다. 사실 《원론》 또는 그 내용 가운데 오늘날까지 남아 있는 것은 유사 이래로 가장 훌륭한 교과서인 것으로 간주한다.

그리스의 위대한 고대 역사가였던 헤로도토스(Herodotos, 기원전 484?~425?)는 기하학이 기원전 3000년의 고대 이집트에서 개발되었다고 믿었는데, 이는 알렉산드리아와 그 밖의 곳에 살던 그리스인보다 훨씬 앞서는 것이었다. 그는 나일 강의 범람이 비옥한 삼각주에 있는 토지 사이의 경계를 어떻게 파괴했으며, 이것이 어떤 식으로 복잡한 측량기술을 탄생시켰는지를 기록으로 남겨놓았다. 이러한 일을 수행하기 위하여 측량기사들은 기하학적인 개념과 아이디어를 개발해야 했다. 헤로도토스는

《역사 Histories》에 다음과 같이 적어놓았다.

> 강이 어떤 사람의 토지의 일부분을 쓸어갔다면, 왕은 사람을 보내서 측량으로 손실량을 정확히 측정하고 결정했을 것이다. 내가 생각하기에는 이런 일에서 기하학이 처음 이집트인들에게 알려졌고, 나아가 그리스로 전파되었다.

기하학은 모양과 그림에 대한 연구인데, 원, 직선, 호, 삼각형 등과 다양한 각도를 이루는 그것들 사이의 교차를 대상으로 한다. 그러한 과학이 훌륭한 측량에 필수적이었을 것이라는 것은 이치에 맞는 일이다. 이집트의 기하학자들은 실제로 "밧줄을 늘이는 사람"이라 불렸는데, 밧줄이 사원과 피라미드를 건축하고 토지의 경계를 재조정하는 데 필수적인 직선 윤곽을 그리는 데 사용되었기 때문이다. 그러나 기하학의 기원은 더욱 옛날로 거슬러 올라갈 수도 있다. 신석기 시대 사람들은 디자인의 합동과 대칭의 예들에 대하여 알고 있었는데, 이것들이 이집트 기하학의 선구였으며, 또한 이집트 기하학은 수세기 후에 고대 그리스인들에게 계승되었다.

바빌로니아 사람들의 토지의 면적에 대한 관심은 제곱수와 그들 사이의 관계를 이해하도록 이끌었는데, 이와 똑같은 문제들이 피라미드

건설 문제뿐만 아니라 농지 구획의 어려움에 직면했던 고대 이집트 사람들에게도 관심의 대상이었던 것 같다. 따라서 고대 이집트인들도 피타고라스의 삼중수를 알고 있었을 가능성이 충분히 있다. 그러나 그리스 사람들이 기하학에 한 일은 그것을 순수한 수학적인 연구 과제로 정립시킨 것이었다. 그들은 정리를 세우고 그것을 증명했다.

정리란 무엇인가?

그리스인들은 우리에게 정리 theorem라는 개념을 가져다주었다. 정리는 수학적 진술로서 그 증명이 확보된 것을 말한다. 정리의 증명은 논리의 규칙을 따르며, 논리 체계의 기초를 이루는 일련의 공리 axiom를 받아들이는 경우 그 어느 누구도 이의를 제기하지 않는 방식을 통한, 정리의 정확성에 대한 엄격한 정당화이다. 유클리드의 공리는 점, 선에 대한 정의와 두 평행선이 결코 만나지 않는다는 진술을 포함한다. 유클리드공리와 A가 B를 의미하고 B가 C를 의미하면 A는 C를 의미한다는 것과 같은 논리 전개를 따라서 고대 그리스인들은 삼각형, 원, 정사각형, 팔각형, 육각형, 오각형 등의 기하학에 관한 많은 아름다운 정리를 증명할 수 있었다.

유레카! 유레카!

그리스의 위대한 수학자인 에우독소스(Eudoxus, 기원전 408~355)와 아르키메데스(Archimedes, 기원전 287~212)는 기하학적 도형에 대한 연구를 무한소(infinitesimal, 무한히 작다는 것을 의미함)량을 이용하여 면적을 구하는 것까지 확장시켰다.

크니두스의 에우독소스는 플라톤의 친구이자 학생이었다. 그는 너무

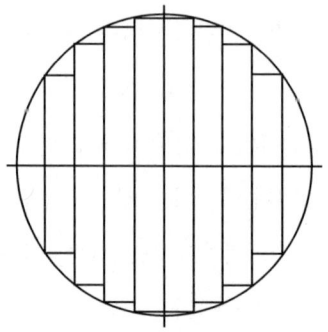

가난하여 아테네에 있는 아카데미에 살 수 없어서 피라에우스라는 값싼 항구 도시에 살면서 플라톤의 아카데미까지 매일 통학했다. 비록 플라톤 자신은 수학자가 아니었지만 수학의 연구, 특히 에우독소스와 같은 재능 있는 학생들의 연구를 북돋웠다.

에우독소스는 이집트로 여행했고, 그리스에서뿐만 아니라 그곳에서도 많은 기하학을 공부했다. 그는 '실진법(悉盡法, method of exhaustion)'을 발명했는데, 이것을 무한소의 양을 이용하여 기하학적 도형의 면적을 구하는 데 사용하였다. 에우독소스는, 예를 들어 원의 면적을 많은 수의 작은 직사각형의 면적의 합으로 근사하곤 했는데, 직사각형의 면적은 밑변 곱하기 높이로 쉽게 계산된다. 이는 본질적으로 오늘날 적분에 사용되는 방법이며 현대의 극한 논법은 에우독소스의 '실진법'과 다르지 않다.

그러나 고대의 가장 뛰어난 수학자는 의심할 나위 없이 아르키메데스였다. 그는 시칠리아 섬의 도시 시라쿠사에 살았다. 아르키메데스는 페이디아스라는 천문학자의 아들이었고, 시라쿠사의 왕 히에론 2세의 친척이었다. 에우독소스와 마찬가지로 아르키메데스는 면적과 체적을 구하는 방법을 개발했는데, 그것들은 미적분학에 선구적인 역할을 한다. 그의 업적은 적분과 미분을 모두 예견하고 있었다.(미적분에는 두 부분이 있는데, 아르키메데스는 둘 다 이해했다). 그리고 그는 순수수학, 즉 수, 기하학, 기하학적 도형의 면적 등에 주로 관심이 있었지만, 수학의 응용에 대한 업적으로도 또한 잘 알려져 있다. 유명한 일화는 유체역학의 제1법칙(아르키메데스의 원리— 옮긴이) 발견에 관한 것이다. 이 법칙에 의하면 유체에 잠긴 물체의 경우 그것이 밀어낸 유체의 무게만큼 무게가 감소한다. 그 시절, 시라쿠사에 부정직한 금 세공인이 살았는데, 히에론 왕은 수학자에게 이것을 입증할 방법을 찾아보라고 요청했다. 아르키메데스는 우연히 목욕을 하다가 물에 잠긴 물체의 무게가 줄어든다는 것에 착안했다. 목욕을 하면서 법칙을 발견했을 때, 그는 기쁜 나머지 욕조에서 뛰어나와 벌거벗은 채로 "유레카, 유레카!(알았다, 알았다!)"라고 외치며 시라쿠사의 거리를 달렸다.

아르키메데스는 또한 수동 크랭크를 회전시킴으로써 물을 퍼 올리는 장치인 '아르키메데스의 수차水車'를 발명한 공적을 인정받고 있다. 그것은 지금까지도 전 세계의 농부들이 사용하고 있다.

로마의 장군 마르셀루스가 기원전 214~212 사이에 시라쿠사를 공격했을 때 히에론은 다시 도움을 청했다. 로마 함대가 접근하고 있을 때, 아르키메데스는 지렛대 연구에 기초한 거대한 투석기를 고안하여 잘 방어할 수 있었다. 그러나 마르셀루스는 군대를 재편성하여 얼마 후 배후에서 공격하여 기습적으로 시라쿠사를 함락시켰다. 이때 아르키메데스는 공격당하고 있다는 것을 알지 못한 채 공터에 조용히 앉아 모래에 기하학적인 도형을 그리고 있었다. 로마 병사가 다가와 그 그림을 밟았다. 아르키메데스는 "내가 그린 원을 망가뜨리지 말라"고 외치며 덤벼들었고, 병사는 칼을 뽑아 일흔다섯 고령의 수학자를 살해했다. 그의 뜻에 따라, 묘비에는 그가 감명을 받았던 특별한 기하학적 도형, 즉 원통에 내접하는 구가 새겨져 있다. 돌보는 이 없는 무덤은 잊혀졌고 위치조차 알 수 없게 되었는데, 한참의 세월이 지나고 나서야 로마의 웅변가 키케로가 찾아내서 복원했다. 그러나 세월의 흐름이 또다시 무덤을 덮어버렸다. 1963년 시라쿠사 가까이에 새 호텔을 지으려고 땅을 파헤쳤을 때 인부들이 또다시 아르키메데스의 무덤을 발견했다.

아르키메데스가 특히 좋아하던 정리는 원통에 내접하는 구에 대한 것이었고, 그는 《방법The Method》이라는 책에 그 증명을 적어놓았다. 이 책 역시 대부분의 옛 서적들처럼 없어진 것으로 추정되었다. 1906년 덴마크의 학자 하이베르크J.L. Heiberg는 콘스탄티노플에 수학적인 내용을 담고 있는 빛바랜 양피지가 있다는 소식을 들었다. 그는 콘스탄티노플로 찾아가 양피지 185매로 이루어진 그 원고를 입수했다. 과학적인 연구로 아르키메데스 책의 10세기 필사본이라는 것이 밝혀졌는데, 그 위에는 13세기에 가필된 동방정교의 기도문이 쓰여 있었다.

알렉산드리아, 그리스 같은 이집트

서기 250년경 디오판토스라는 수학자가 알렉산드리아에 살았다. 디오판토스의 일생에 대하여 우리가 알고 있는 것은 디오판토스가 죽은 후 1세기 가량 지났을 때 쓰여진 《팔라틴 선집 Palatine Anthology》에 실린 다음의 문제에 의한 것뿐이다.

여기서 당신은 디오판토스의 자취를 담은 특기할 만한 묘비명을 볼 수 있는데, 그것은 교묘하게 그의 수명을 말하고 있다. 신은 인생의 1/6 동안 젊음을 허용했다. 1/12이 더 지나자 뺨에는 턱수염이 났다. 인생의 1/7이 또 지나고 나서 화촉을 밝혔고, 결혼 후 5년이 되던 해에 아들을 얻었다. 슬프도다, 귀하고도 불운한 아이여, 차가운 운명이 그를 앗아갔을 때 그의 나이는 아버지 나이의 반밖에 되지 않았다. 아버지는 슬픔을 달래며 4년간의 여생을 보냈다. 이렇게 남겨진 숫자들에서 그의 수명을 추정해 보라.
(이것이 내포하고 있는 방정식을 푼다면 답이 84라는 것을 알게 될 것이다.)

디오판토스가 어느 시기에 살았는가는 확실하지 않다. 단지 두 가지 흥미로운 사실에 근거하여 추정해 볼 수 있다. 우선 그는 저술에서 히프시클레스Hypsicles를 인용하고 있는데, 우리는 그가 기원전 150년경에 살았다는 것을 알고 있다. 둘째로, 디오판토스를 알렉산드리아의 테온이 인용한다. 테온이 살았던 시대는 서기 364년 6월 16일에 일어났던 일식에 의하여 연대를 쉽게 추정할 수 있다. 따라서 디오판토스는 서기 364년 이전 그러나 기원전 150년 이후에 살았던 것이 분명하다. 학자들은 그가 서기 250년경에 살았던 것으로 추정하고 있다.

디오판토스는 《산술Arithmetica》을 썼는데, 그것은 대수적 개념을 발전시켰고 방정식의 일종을 제시했다. 이것들은 디오판토스 방정식인데 오늘날에도 수학에서 쓰인다. 그는 열다섯 권의 책을 썼는데, 그중 여섯 권만이 전해지고 있다. 나머지는 고대 서적들의 가장 기념비적인 수집기관이었던 알렉산드리아의 거대한 도서관을 파괴했던 화재 때문에 소실되었다. 살아남은 여섯 권은 맨 나중에 번역될 그리스 문헌 가운데 속해 있었다. 알려진 바에 따르면 최초의 라틴어 번역은 1575년에 출판되었다. 그러나 페르마가 가지고 있던 판본은 1621년에 클로드 바셰Claude Bachet가 번역한 것이었다.

페르마가 그의 유명한 마지막 정리를 여백에 써놓도록 영감을 불어넣은 것은 디오판토스 책의 제2권에 있는 8번 문제였는데, 그것은 주어진 정수의 제곱을 두 정수의 제곱의 합으로 분할하는 방법을 묻고 있으며, 이 피타고라스 문제에 대한 답은 기원전 2000년경에 이미 바빌로니아 사람들에게 알려졌던 것이었다. 디오판토스와 동시대인들의 수학 업적은 고대 그리스 문명의 마지막 영광이었다.

아라비안 나이트

유럽이 왕실과 제후들이 영지를 다투고, 페스트의 창궐에서 간신히 살아남으며, 비용이 많이 들고 치명적이기조차 했던 십자군 원정을 수행하느라 바빴던 반면에, 아랍 사람들은 중동에서 이베리아 반도에 이르는 융성한 제국을 통치하고 있었다. 의학, 천문학, 기술 분야에서 커다란 성과를 거두는 가운데 아랍 사람들은 대수학을 발전시켰다. 서기 632년 예언자 마호메트가 메카에 중심을 둔 이슬람 국가를 건설했는데, 그 도시는 오늘날에도 이슬람의 종교 중심지로 남아 있다. 곧이어 그의 군대는 비잔틴 제국을 공격했는데, 같은 해 메디나에서 마호메트가 죽은 뒤에도 그 공격은 계속되었다. 몇 해 안에 다마스쿠스, 예루살렘, 메소포타미아의 많은 도시가 이슬람 군대에 함락되었고, 서기 641년에는 세계적인 수학의 중심지였던 알렉산드리아도 점령되었다. 서기 750년경이 되자 이러한 전쟁과 이슬람교도 내부의 분쟁이 종식되었고 모로코와 서부의 아랍인들은 바그다드에 중심을 둔 동부의 아랍인들과 화해했다.

바그다드는 수학의 중심이 되었다. 아랍인들은 수학의 아이디어와 천문학에서의 발견 및 기타 과학들을 그들이 정복한 지역의 사람들로부터 받아들였다. 이란, 시리아, 알렉산드리아 출신의 학자들이 바그다드로 초빙되었다. 서기 800년대 초반의 칼리프 알 마문Al Mamun의 치세 동안에 《아라비안 나이트Arabian Nights》가 쓰여졌고 유클리드의 《원론》을 포함한 많은 그리스의 서적이 아랍어로 번역되었다. 그 칼리프는 바그다드에 지혜의 전당House of Wisdom을 설립했는데, 그 구성원 중 하나가 모하메드 이븐 무사 알콰리즈미Mohammed Musa Al-Khowarizmi였다. 유클리드와 마찬가지로 알콰리즈미도 세계적으로 널리 알려졌다. 숫자에 대한 인도의 아이디어와 기호, 메소포타미아의 개념 그리고 유클리드의 기하학적 사고방식을 차용하여, 알콰리즈미는 산수와 대수학에 대한 책들을 썼다. '연산algorithm'이라는 용어는 알콰리즈미에서 유래한다. '대수학algebra'이라는 용어는 알콰리즈미의 유명한 저서인 《복원과 축소의 과학Al Jabr Wa'l Muqabalah》의 앞에 나오는 단어에서 유래한다. 이 책으로

부터, 나중에 유럽 사람들이 대수학algebra이라는 수학의 분야에 대하여 배울 수 있게 되었다. 대수적 아이디어들이 디오판토스의《산술》에 근원을 두고 있기는 하지만, 그 알 자브르Al Jabr가 오늘날의 대수에 더욱 밀접하게 연관되어 있다. 그 책은 1차 및 2차방정식의 직접적인 풀이와 관련되어 있다. 아랍어로 된 책의 제목이 의미하는 바는 '방정식의 항을 한쪽 변에서 다른 쪽으로 이항하는 복원'인데, 오늘날의 1차방정식의 해법이다.

모든 수학의 분야가 그러하듯이 대수와 기하는 연관되어 있다. 이 둘이 통합된 분야가 바로 20세기에 발전한 대수기하학algebraic geometry이다. 수학의 여러 분야, 그리고 그 분야들을 연결하는 영역이 결합함으로써 수세기 후에 페르마 문제에 대한 와일스의 연구가 가능하게 되었다.

중세의 상인과 황금분할

아랍 사람들은 피타고라스의 삼중수를 발견하는 것에 대한 디오판토스의 질문과 아주 밀접히 관련된 문제에 관심이 있었다. 그 문제는 직각삼각형의 면적이 정수인 피타고라스의 삼중수를 발견하는 것이었다. 몇 백 년이 지난 후 이 문제는 1225년에 피사의 레오나르도(1180~1250)가 지은 《제곱근서 Liber Quadratorum》라는 책의 기초가 되었다. 레오나르도는 피보나치 Fibonacci('보나치오 Bonaccio의 아들'을 의미함)로 더 잘 알려져 있다. 피보나치는 피사에서 태어난 무역상이었다. 그는 또한 북아프리카와 콘스탄티노플에서도 살았으며, 일생 동안 여러 곳을 여행했고 프로방스, 시칠리아, 시리아, 이집트, 지중해의 많은 지역을 방문했다. 여행과 지중해 사회의 엘리트들과의 관계는 그가 그리스와 로마의 문화뿐만 아니라 아랍의 수학에도 접하게 했다. 신성로마제국 황제 프리드리히 2세가 피사에 왔을 때 피보나치는 황제의 궁정에 소개되어 측근이 되었다.

피보나치는 《제곱근서》말고도 또 다른 책 《산반서 Liber Abaci》도 저술한 것으로 알려져 있다. 피보나치의 책에 나오는 피타고라스의 삼중수에 대한 문제는 이스탄불의 고궁 박물관에 있는 11세기의 비잔티움 필사본에도 있다. 우연의 일치일 수도 있으나 피보나치가 여행 도중 콘스탄티노플에서 바로 그 책을 보았을지도 모르는 일이다.

피보나치는 그의 이름을 따서 명명된 수열인 피보나치 수로 잘 알려져 있다. 이 숫자는 《산반서》에 나오는 다음 문제에서 기원한다.

토끼 암수 한 쌍에서 시작해서, 매달 각 쌍이 새로운 암수 한 쌍씩을 낳고 그 새로운 쌍도 그 다음다음 달에는 새끼를 낳을 수 있고, 그런 과정이 반복된다면, 일 년 동안에 몇 쌍의 토끼가 생겨나겠는가?

피보나치 수열은 이 문제에서 파생되었는데, 첫번째 항 다음의 각 항은 선행하는 두 항을 더하여 얻는다. 수열은 1, 1, 2, 3, 5, 8, 13, 21, 34, 55, 89, 144, … 이다.

이 수열은(문제에서 주어진 12개월을 지나서도 계속되는데) 예상하지 않은 중요한 특성이 있다. 놀랍게도 수열의 연속되는 두 숫자 사이의 비율이 황금분할에 접근하는데 1/1, 1/2, 2/3, 3/5, 5/8, 8/13, 13/21, 21/34, 34/55, 55/89, 89/144 등이다. 이 숫자들이 점점 $(\sqrt{5}-1)/2$에 가까워진다는 것에 주목하라. 이것이 황금분할이다. 그것은 또한

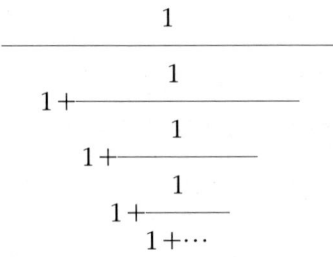

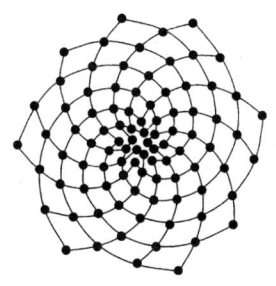

를 앞에 설명한 것처럼 계산기를 이용하여 연산을 반복함으로써 얻기도 한다. 황금분할의 역수($\frac{1}{x}$)가 황금분할 빼기 1이 됨을 상기하라. 피보나치 수열은 자연계의 여러 곳에서 나타난다. 가지에 돋아나는 잎들은 서로 피보나치 수열에 대응되는 거리만큼 떨어져서 자라난다. 피보나치 수는 꽃에서도 나타난다. 대부분의 꽃들의 꽃잎의 수는 3, 5, 8, 13, 21, 34, 55, 89 가운데 하나이다. 백합은 꽃잎이 셋이고, 미나리아재비는 다섯, 참제비고깔은 대개 여덟, 금잔화는 열셋, 애스터는 스물하나, 데이지는 보통 서른넷 또는 쉰다섯 또는 여든아홉이다.

    피보나치 수는 해바라기에도 나타난다. 해바라기의 머리부분에서 씨앗이 될 작은 꽃들은 두 세트의 나선으로 정돈되어 있는데, 하나는 시계 방향이고 다른 하나는 반시계 방향이다. 시계 방향 나선의 숫자는 보통 서른넷이고 반시계 방향으로는 쉰다섯이다. 때로는 55와 89이며, 89와

144인 경우도 있다. 모두가 연속되는 피보나치 숫자이다(그 비율은 점점 황금분할에 접근한다). 이언 스튜어트가 《자연의 수학적 본성Nature's Numbers》에서 주장한 바는 다음과 같다. 나선이 성장할 때 그들 사이의 각도는 137.5도인데, 이는 360도에 1에서 황금비율의 역수를 뺀 것을 곱한 것과 같으며, 그 결과 다음에 설명한 것처럼 시계 방향 그리고 반시계 방향으로 도는 나선의 숫자는 연속하는 두 피보나치 수가 된다는 것이다.

만약 직사각형의 변들이 황금분할 비율을 이루고 있다면, 그 직사각형은 정사각형과 또 다른 직사각형으로 분할될 수 있다. 이 두 번째 직사각형은 본래의 큰 직사각형과 닮은꼴인데, 변들의 비가 황금분할의 값이기 때문이다. 더욱 작은 직사각형은 다시 정사각형과 나머지의 직사각형으로 나누어질 수 있으며, 그 직사각형의 변들의 비 또한 황금비율과 같

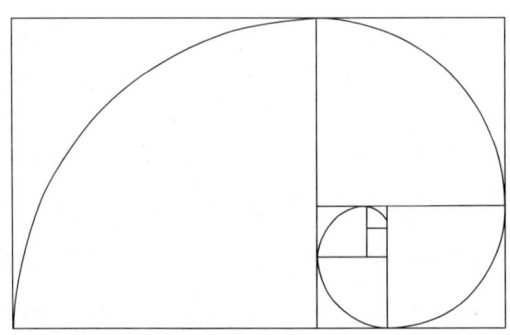

고……, 이러한 과정이 무한히 반복될 수 있다.

계속 만들어지는 일련의 직사각형의 꼭지점을 연속적으로 통과하는 나선은 조개껍질에서, 위에 언급된 해바라기 씨의 배열에서, 나뭇가지의 잎의 배열에서 종종 나타난다.

그 직사각형은 보기 좋게 전체적으로 균형이 잡혀 있다. 황금분할은 자연계에서만 나타나는 것이 아니라 예술에서도 미에 대한 전형적인 이상형으로 나타난다. 그 수열에는 무언가 성스러운 것이 깃들여 있다. 사실 피보나치 협회는 오늘날에도 활동하는데, 성직자가 회장을 맡고 있으며 본부는

그리스 아테네의 파르테논 신전

캘리포니아의 세인트 메리 대학에 있다. 협회는 그 비율이 이 세상에 주어진 신의 선물이라는 믿음으로 자연, 예술, 건축에서의 황금분할 및 피보나치 수에 대한 사례를 탐구하는 데 전념하고 있다. 이상적인 아름다움으로서 황금분할은 아테네의 파르테논 신전과 같은 장소에도 나타나 있다. 파르테논 신전의 높이와 길이의 비율은 황금분할과 같다.

기자에 있는 거대한 피라미드는 그리스의 파르테논 신전보다 수백 년 전에 지어졌는데 옆면의 높이와 밑변의 절반의 비율이 또한 황금분할이다. 이집트의 린드 파피루스도 '신성한 비율'에 대하여 언급하고 있다. 르네상스의 회화뿐만 아니라 고대의 조각들도 신성한 비율인 황금분할과 동일한 비례를 연출하고 있다.

황금분할은 꽃이나 건축을 넘어서 미의 이상으로서 연구되어 왔다. 몇 년 전에 피보나치 협회에 도착한 편지에서 어떤 회원은 황금분할의 사례를 찾던 누군가가 여러 남녀 커플에게 다음과 같은 실험을 요청했다고 말했다. 남편은 아내의 배꼽 높이를 측정한 뒤에 아내의 키로 나누어 보도록 요청받았다. 그는 모든 커플에서 그 비율이 0.618에 아주 가까웠다고 보고했다.

방정식 연구자들

수학은 피보나치의 저술을 통하여, 그리고 당시 아랍 세계에 속하는 스페인으로부터 알콰리즈미의 저술을 통하여 중세 유럽에 유입되었다. 당시 대수의 주된 목적은 미지수에 대한 방정식을 푸는 것이었다. 오늘날 우리는 미지수를 'x'라 부르고, 'x'의 값이 어떤지를 알기 위해 방정식을 풀려고 노력한다. 가장 간단한 방정식의 예로 $x-5=0$을 들 수 있다. 간단한 연산을 통하여 'x'의 값을 구할 수 있다. 방정식의 양변에 5를 더하면 좌변은 $(x-5+5)$가 되고 우변은 $(0+5)$가 된다. 따라서 좌변은 'x', 우변은 5가 된다. 즉 $x=5$이다.

알콰리즈미 시대의 아랍인들은 미지수를 '것 thing'이라 불렀다. '것'이라는 말은 아랍어로 샤이 shai이다. 그래서 미지의 샤이에 대한 방정식을 풀었는데, 위에서 'x'에 대하여 행해진 방법이 사용되었다. 이 아이디어가 유럽에 수입되었을 때 아랍어 shai는 라틴어로 res로 번역되었고, 이탈리아어로는 cosa라 했다. 그리고 최초의 유럽 대수학자들은 이탈리아인이었기 때문에 cosa라는 말이 주로 쓰였다. 이탈리아 대수학자들이 미지의 cosa에 대한 방정식을 푸는 데 관여했기 때문에 'Cossists'(방정식 연구자들)로 알려졌다.

3,500년 전의 바빌론에서처럼 중세와 초기 르네상스 시대의 수학은 주로 상업에 도움을 주었다. 당시의 상업 사회는 점점 더 교역, 환율, 이익, 가격 등의 문제에 관심을 갖게 되었고, 이런 것들은 어떤 방정식을 이용해야 하는 수학적 요구가 제기되었다. 방정식 연구자들은 루카 파촐리(Luca Pacioli, 1445~1514), 제로니모 카르다노(Geronimo Cardano, 1501~1576), 니콜로 타르탈리아(Niccolo Tartaglia, 1500~1557) 등과 같은 사람들이었는데, 그들은 상인이나 무역업자에게 고용되어 문제해결자로서 경쟁했다. 이 수학자들은 더욱 추상적인 문제의 풀이를 일종의 광고로 이용했다. 그들은 의뢰인을 구하기 위해 경쟁해야 했기 때문에 3차방정식(미지수 'cosa' 또는 x의 세제곱, 즉 x^3이 들어 있는 방정식)과 같은 더욱 어려운 문제를 푸는 데 많은 시간과 노력을 기울였다. 그래서 그 연구 결과를 발표하면 응용문제의 풀이에 대하여 이전보다 일감을 많이 얻을 수 있었다.

1500년대 초반에 타르탈리아는 3차방정식의 해법을 발견했고 그 방법을 비밀에 부쳤다. 그래서 돈벌이가 되는 문제풀이 시장에서 경쟁자들에 대하여 우위를 점할 수 있었다. 타르탈리아가 문제풀이 경쟁에서 다른 수학자들을 물리치게 되자 카르다노는 어떻게 3차방정식을 풀 수 있었는가에 대한 비밀을 알려달라고 압박했다. 타르탈리아는 카르다노에게 그 비밀을 누설하지 않는다는 조건으로 방법을 알려주었다. 카르다노가 나중에 또 다른 방정식 연구자인 스키피오네 델 페로(Scippione del Ferro, 1456~1526)에게 똑같은 방법을 알게 되자, 카르타노는 비밀을 누설해도 상관없다고 생각했다. 그래서 카르다노는 3차방정식의 해법을 1545년에 출간된 《위대한 술법Ars Magna》에 발표했다. 타르탈리아는 배신당했다고 느껴 카르다노에게 격노했다. 만년에 타르탈리아는 옛 친구를 비방하는 데 많은 시간을 썼고, 그 결과 카르다노의 명성을 손상시키는 데 어느 정도 성공했다.

방정식 연구자들은 고대 그리스인들과 비교할 때 낮은 수준의 수학자로 간주되었다. 재정적인 성공을 추구하는 응용문제에 대한 몰두, 그들 사이의 비생산적인 싸움은 수학에서의 아름다움의 모색과 지식 추구를 어렵게 했다. 그들은 수학에 대한 추상적이고 일반적인 이론은 발전시키지 않았다. 그것에 대해서는 고대 그리스의 수학으로 되돌아가는 것이 필요했다. 한 세기가 지난 뒤에 바로 그런 일이 일어났다.

르네상스 시대의 고대 지식에 대한 탐구

디오판토스의 시대에서 1,300년이라는 세월이 흘렀다. 중세의 세계는 르네상스와 근대의 태동에 길을 내주었다. 유럽은 지식에 대한 갈증과 함께 중세의 암흑에서 깨어났다. 많은 사람들이 고전에 관심을 갖게 되었다. 지식과 지혜에 대한 탐구가 부활되는 과정에서 옛날 책이 있기만 하면 무엇이든 지식인의 언어였던 라틴어로 번역되었다.

클로드 바셰는 프랑스의 귀족이었는데 수학에 관심이 많은 번역가였다. 그는 그리스어로 된 디오판토스의 《산술》을 입수해서, 1621년 파리에서 《알렉산드리아의 디오판토스가 쓴 산술 여섯 권Diophanti Alexandrini Arithmeticorum Libri Sex》이라는 제목으로 번역 출판했다. 이 책이 페르마의 손에 들어갔다.

페르마의 정리가 말하는 것은 거듭제곱이 2차를 초과하면 가능한 피타고라스의 삼중수가 존재하지 않는다는 것이다. 즉, 세 정수가 정수의 세제곱, 네제곱, 다섯제곱, 여섯제곱, 또는 그 밖의 거듭제곱으로 표현되는 경우 그중 둘을 더하여 세 번째 숫자가 되는 삼중수는 존재하지 않는다는 것이다. 페르마는 그러한 정리에 어떻게 도달했을까?

제곱, 세제곱, 그 이상의 차원

'정리'라는 것은 증명이 확보되어 있는 진술을 말한다. 페르마는 "경이로운 증명"이 있다고 주장했다. 그러나 그 증명을 보고 확인하지 않으면 아무도 그의 진술을 '정리'라고 부를 수 없다. 어떤 진술이 아주 깊고 아주 의미 있고 중요할지라도, 그것이 정말 옳다는 증명이 없다면, 추론 또는 가설이라 불려야 한다. 추론이 증명되면 그때서야 '정리'라 부를 수 있고, 그것이 더욱 깊은 정리의 기초가 되는 예비적인 진술이라면 '보조정리'라 불린다. 정리에서 파생된 결과는 따름정리corollary라 한다. 그런데 페르마는 그러한 진술을 많이 만들어냈다. 그 가운데 하나는 $2^{2^n}+1$ 형태의 숫자는 항상 소수라는 것이었다. 이 추론은 증명되지 않았으므로 정리가 아니었을 뿐 아니라 실제로도 옳지 않다는 것이 확인되었다. 이것은 그 다음 세기에 스위스의 위대한 수학자 레온하르트 오일러(Leonhard Euler, 1707~1783)가 확인했다. 그래서 '마지막 정리'가 반드시 옳다고 믿을 이유는 없었다. 그것은 참일 수도 있었고 거짓일 수도 있다. 페르마의 마지막 정리가 거짓임을 보이려면, 3 이상의 정수 n에 대하여 $a^n+b^n=c^n$을 만족하는 세 정수 a, b, c를 발견하기만 하면 되는 것이었다. 아무도 그러한 정수의 세트를 발견하지 못했다. (그러나 풀이가 존재한다고 가정하는 것은 나중에 그 정리를 증명하는 시도에서 중요한 역할을 한다.) 그리고 1990년대에는 400만보다 작은 임의의 n에 대하여 그러한 정수가 존재하지 않는다는 것이 증명되었다. 하지만 그러한 숫자들이 어느 날 발견되지 않으리라고 보장하는 것은 아니었다. 그 정리는 모든 정수, 모든 지수에 대하여 증명되어야 했다.

페르마 자신도 그의 마지막 정리를 $n=4$에 대하여는 증명할 수 있었다. 그는 자신이 "무한강하 infinite descent"라 부른 독창적인 방법을 사용하여, $a^4+b^4=c^4$을 만족하는 정수 a, b, c가 존재하지 않음을 증명했다. 또한 정리가 임의의 거듭제곱 n에 대해서 증명되면 n의 임의의 배수에 대하여도 성립한다는 것을 알았다. 따라서 지수로는 소수, 즉 정수 중에서 1과 자기 자신 이외의 숫자로는 나누어 떨어지지 않는 숫자만 고려하면 되었다. 몇몇 소수를 들면 1, 2, 3, 5, 7, 11, 13, 17, … 등이다. 이 숫자 중 어느 것도 1과 자신 이외의 숫자로 나누어서 정수가 되지 않는다. 소수가 아닌 숫자의 예로 6이 있는데, 6은 3으로 나누어 정수 2가 나오기 때문이다. 페르마는 또한 $n=3$인 경우에도 증명할 수 있었다. 레온하르트 오일러는 $n=3$과 $n=4$인 경우에 대하여 페르마와는 독립적으로 증명했고, 페테르 디리클레 Peter G.L. Dirichlet는 1828년에 $n=5$인 경우에 대하여 증명했다. 같은 경우가 1830년에 아드리엥-마리 르장드르(Adrien-

Marie Legendre, 1752~1833)에 의해서도 증명되었다. 가브리엘 라메Gabriel Lamé와, 1840년에 그의 오류를 정정했던 앙리 르베그Henri Lebesgue는 $n=7$에 대한 증명을 확립했다. 따라서 페르마가 갖고 있던 디오판토스 책의 여백에 유명한 기록을 남긴 후 200년이 지나서도 정리는 단지 3, 4, 5, 6, 7 지수에 대해서만 옳다는 것이 증명되었다. 무한대까지는 갈 길이 멀었는데 임의의 지수 n에 대하여 정리를 증명하려면 무한대까지 모든 정수에 대하여 증명해야 하기 때문이다. 명백히 무한히 큰 숫자도 모두 포함하는 일반적인 지수에 대하여 성립하는 제대로 된 증명이 필요했다. 수학자들은 모두 포착되지 않는 일반적인 증명을 찾고 있었다. 그러나 불행히도 그들이 발견한 것은 특별한 지수에 대한 증명뿐이었다.

필산가

필산가란 계산 체계 또는 연산 방식algorithms을 고안하는 사람을 말한다. 그러한 사람 중 하나가 스위스 수학자 레온하르트 오일러였는데, 그는 보통 사람들이 숨쉬는 것 못지 않게 자연스럽게 계산할 수 있다는 소문이 있었다. 그러나 오일러는 걸어다니는 계산기보다는 훨씬 훌륭했다. 그는 유사 이래 가장 많은 업적을 낸 스위스 과학자였으며, 너무도 많은 저술을 했기 때문에 스위스 정부가 그의 모든 저서를 수집하기 위한 특별 기금을 마련할 정도로 훌륭한 수학자였다. 그는 넓은 집에서 두 번의 저녁식사 호출 사이의 짧은 시간에 수학 논문을 만들어내기도 했던 것으로 전해진다.

레온하르트 오일러는 1707년 4월 15일에 바젤에서 태어났다. 다음 해에 가족이 리헨이라는 마을로 이사했고, 아버지는 칼뱅교의 목사가 되었다. 어린 레온하르트가 학교에 갔을 때 아버지는 신학을 공부해서 나중에 마을 목사 자리를 이어받도록 격려했다. 그러나 오일러는 수학에 뛰어난 재능을 보였고 당시 스위스의 유명한 수학자였던 요하네스 베르누이에게 지도를 받았다. 다니엘과 니콜라우스 베르누이는 수학의 명문인 베르누이가의 젊은이로 그의 좋은 친구가 되었다. 이 둘은 레온하르트의 부모에게 오일러는 훌륭한 수학자가 될 것이니 수학을 공부하는 것을 허락해 달라고 설득했다. 그러나 레온하르트는 수학뿐만 아니라 신학도 계속 공부했고 종교적인 감정과 습관은 전 생애의 일부를 차지한다.

그 시절 유럽의 수학과 과학에 대한 연구는 오늘날처럼 대학에서 주도적인 역할을 하지는 않았다. 대학은 교육에 치중했고 다른 활동에는 많은 시간이 주어지지 않았다. 18세기의 연구는 주로 왕립학회에서 행해졌다. 왕립학회를 통하여 왕은 지도적인 학자들이 학문에 전념할 수 있도록 지원했다. 그 학문 가운데 일부는 응용 분야였고, 연구 결과는 국가의 위상을 높이는 데 도움을 주곤 했다. 다른 분야는 좀더 '순수' 해서, 학문 그 자체를 위한 연구였고, 인류의 문화 발전을 위한 것이었다. 왕실은 그러한 연구를 너그럽게 후원했고 왕립학회에서 일하는 과학자들은 안락한 생활을 영위할 수 있었다.

바젤 대학에서 신학 및 히브리어와 함께 수학 공부를 마쳤을 때 오일러는 교수직에 지원했다. 그러나 커다란 업적에도 불구하고 낙방했다. 한편 두 친구 다니엘과 니콜라우스는 러시아의 상트 페테르부르크에 있는 왕립학술원의 수학 연구원으로 지명되었다. 둘은 레온하르트와 접촉을 유지했고 어떻게 해서든 거기에 있게 해보겠다고 약속했다. 어느 날 베르누이 형제는 오일러에게 상트 페테르부르크 학술원의 의학분과에 자리가 있다고 알리는 긴급서한을 보냈다. 오일러는 곧 바젤에서 생리학과 의학을 공부하는 데 착수했다. 의학이 흥미 있는 것은 아니었지만 직장을 얻는 데 필사적이었고, 러시아에서 연구 외에는 아무것도 하지 않는 아주 훌륭한 자리에 있는 두 친구와 합류하기를 희망했다.

오일러는 무엇을 연구하든 간에 수학적인 연구 결과를 창출했는데 의학 또한 예외가 아니었다. 귀에 대한 생리학 연구는 파동의 전달에 대한 수학적인 분석을 하게 했다. 어쨌건 곧 초청장이 상트 페테르부르크에서 왔고 1727년에 두 친구와 합류했다. 그러나 대단한 후원자였던 표트르 대제 부인 에카테리나가 죽자 학회는 혼돈 상태에 빠졌다. 혼란의 와중에 레온하르트 오일러는 의학에서 살며시 빠져나가 수학분과에 이름을 올렸는데, 그곳은 그가 마땅히 속해야 할 곳이었다. 6년 동안 발각되지 않도록 자세를 낮추고 지냈으며, 속임수가 발견되지 않도록 모든 사회적 교제를 피했다. 이 기간 내내 계속 연구했고 최고 수준의 수학적 업적을 쌓아나갔다. 1733년에는 학술원에서 수학분과의 지도적인 위치로 승진했다. 오일러는 어디에서든 연구할 수 있는 사람임이 분명했는데, 식구가 늘어나자 때로는 한쪽 팔에 아기를 안고 수학을 연구하기도 했다.

표트르 대제의 조카딸인 안나 이바노바가 러시아의 여제가 되어 공포 시기가 시작되었고 오일러는 다시 10년 동안 숨어서 연구에만 전념했다. 이 시기에 그는 파리에서 현상금을 건 천문학에 관한 어려운 문제를 풀었다. 많은 수학자들이 그 문제를 풀기 위해 학술원에 몇 달 간의 휴가를 요청했다. 오일러는 3일 반 만에 풀었다. 그러나 지나치게 집중한 나머지 오른쪽 눈을 실명하는 대가를 치렀다.

오일러는 독일로 이주하여 왕립학술원에서 연구하게 되었다. 그러나 독일사람들이 구미에 맞지 않는 장황한 철학적 토론을 즐겼기 때문에 그들과 어울리지 못했다. 마침 러시아 에카테리나 2세가 오일러를 다시 상트 페테르부르크 학술원으로 초빙하자 그는 아주 기쁜 마음으로 복귀했다. 그때 무신론자인 디드로Denis Diderot라는 철학자가 에카테리나의 궁정을 방문하고 있었다. 여제는 오일러에게 디드로와 신의 존재에 대하여 논하도록 요청했다. 한편 디드로는 그 유명한 수학자가 신의 존재를 증명했다는 소문을 들은 상태였다. 오일러는 디드로에게 접근하여 진지하게 말했다. "선생, $a+b/n=x$ 이므로 신은 존재한다. 대답하시오!" 디드로는 수학을 전혀 몰랐기 때문에 포기했고 곧 프랑스로 돌아갔다.

 그가 두 번째로 러시아에 머무는 동안에 나머지 한쪽 눈마저 실명했다. 그러나 아들의 도움을 받아가며 수학 연구를 계속하였는데 아들은 구술을 받아 적어나갔다. 실명은 두뇌에서 복잡한 계산을 수행하는 그의 정신능력을 증대시켰다. 오일러는 시력을 잃은 뒤에도 17년 동안이나 수학 연구를 지속했고, 1783년 사망할 때에는 손자와 함께 노는 중이었다. 오늘날 우리가 사용하는 많은 수학적 표기는 오일러가 도입한 것이다. 여기에는 기본적인 허수, 즉 -1의 제곱근에 i라는 기호를 사용하게 된 것도 포함된다. 오일러는 어떤 수학공식을 아주 좋아했는데, 그것이 가장 아름답다고 생각했으며 학술원 문 위에 붙여놓았다. 그 공식은

$$e^{i\pi}+1=0$$

이다. 이 공식은 우리의 숫자 체계에서 가장 기본이 되는 1과 0을 포함하고 있다. 그것은 세 가지 수학연산, 즉 덧셈, 곱셈, 지수함수를 포함한다. 그리고 두 자연적인 숫자 π와 e가 있으며, 허수의 기본단위인 i도 있다. 그것은 또한 시각적으로도 아주 우아하다.

쾨니히스베르크의 일곱 다리

오일러는 수학에서 아주 놀라운 예언자였기 때문에 허수(그리고 오늘날 복소수라 불리는 것)에 대한 선구적인 업적 외에도 많은 혁신적인 연구 결과를 발표했다. 우리의 세기에 와서 수학자들의 연구 그리고 페르마 신비를 해결하려는 시도에 필수 불가결하게 된 분야에 대해서도 선구적인 연구를 수행했다. 그 분야는 위상수학인데, 연속함수에 의하여 변환될 때에도 변하지 않은 채 남아 있는 공간적 외형에 대한 시각적 이론이다. 모양과 형태에 대한 연구인데, 예기치 않은 난해한 기하학과 관련되며, 전형적인

3차원 세계를 넘어 4, 5, 그리고 더 높은 차원까지 확장된다. 앞으로 페르마의 문제에 대하여 현대적으로 접근할 때 또다시 이 아주 재미있는 영역을 방문할 것인데, 이는 위상수학이 페르마 방정식과 무관해 보이지만 그것을 이해하는 데 아주 중요하기 때문이다.

위상수학의 발전에 앞서서 그 분야에 대하여 오일러가 기여한 것은 쾨니히스베르크의 일곱 다리라는 유명한 문제 때문이었다. 이것은 위상수학에 대하여 커다란 관심을 불러일으켰던 수수께끼였다. 오일러 시대에 쾨니히스베르크의 프레겔 강에 다리 일곱 개가 아래 그림처럼 가로놓여 있었다.

오일러는 모든 다리를 한 번씩 통과하면서 일곱 다리를 모두 지나가는 것이 가능한지를 물었다. 그것은 불가능하다. 일곱 다리 문제에 대한 흥미 때문에 제기되었고, 현대에 와서 연구된 또 다른 문제로는 다양한

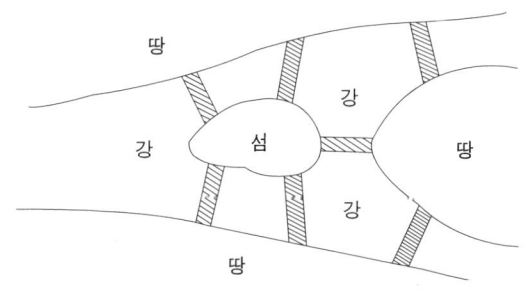

지도·채색 문제가 있다. 지도를 제작하는 사람은 세계지도를 그릴 때 인접한 국가를 쉽게 구분하기 위하여 나라마다 다른 색깔로 채색한다. 서로 완전히 분리된 두 나라는 같은 색을 칠해도 된다. 질문은 '인접한 어느 두 나라도 같은 색이 되지 않도록 하려면 최소한 몇 가지 색깔이 필요한가?' 이다. 물론 이것은 일반적인 문제이고 세계지도가 현재 어떻게 생겼느냐와 무관하다. 질문은 사실 "평면에 그릴 수 있는 임의의 모든 지도에 채색을 하려는데 최소 몇 가지 색깔이 필요한가?" 이다. 옛 유고슬라비아나 중동의 국가들 사이의 경계선은, 정치적인 문제로 아주 별난 곡선을 이루고 있는데, 이 일반적인 문제가 실제로 적용되기에 적당하다.

 수학적으로 이것은 위상수학 문제에 속한다. 1852년 10월에 프란시스 거스리 Francis Guthrie는 영국 지도를 제작하고 있었다. 그는 지역을 색칠하는 데 최소한 몇 가지 색깔이 필요한가에 의문을 갖게 되었다. 그가 생각하기에 4임에 틀림없었다. 1879년에 그 숫자가 정말 4라는 증명이 제시되었으나 나중에 옳지 않음이 밝혀졌다. 거의 한 세기 뒤인 1976년에 하켄과 아펠이라는 수학자가 4색 지도 문제로 알려진 그 문제를 증명했다. 그러나 오늘날까지도 그들의 증명 과정은 순수 수학논리가 아닌 컴퓨터 작업에 의한 것이었기 때문에 논의의 여지가 있는 것으로 간주된다.

가우스, 독일의 위대한 천재

$n=3$에 대한(즉, 세제곱에 대한) 오일러의 증명 과정에 숨어 있던 오류를 카를 프리드리히 가우스(Carl Friedrich Gauss, 1777~1875)가 정정했다. 이 시대의 유명한 수학자 대부분이 프랑스인이었지만, 가우스는 의심의 여지없이 그 시대의 가장 위대한 수학자이며, 모든 시대를 통틀어도 그렇다고 할 수 있는 분명한 독일인이었다. 사실 그는 독일을 떠난 적이 전혀 없고 외국으로 여행조차 한 적이 없었다.

가우스는 아주 가난한 농민의 손자였으며, 브라운슈바이크의 노동자의 아들이었다. 아버지는 그를 거칠게 대했으나 어머니는 감싸고 격려했다. 어린 카를은 외삼촌 프리드리히의 보살핌을 받았는데 이 외삼촌은 카를의 부모보다 부유했으며 방직 일에서 평판을 얻고 있었다. 카를이 세 살 때 외삼촌이 장부 정리를 하며 덧셈을 하고 있는 것을 바라보다가 "프리드리히 삼촌, 이 계산은 틀렸어요." 하자 외삼촌은 충격을 받았다. 그 날부터 외삼촌은 전력을 다하여 어린 천재를 교육시키고 돌보는 데 힘썼다. 가우스가 학교에서 놀랄 만한 재능을 보이기는 했지만 종종 미진한 점이 있었다.

어느 날 선생님은 어린 가우스에게 벌을 주려고 다른 아이들은 모두 밖에서 노는 동안 1에서 100까지 숫자를 더할 때까지는 교실에 남아 있도록 했다. 2분쯤 뒤에 열 살짜리 가우스는 밖에서 같은 반 친구들과 놀고 있었다. 선생님은 화가 났다. "카를 프리드리히! 좀더 혼나고 싶나? 숫자를 더할 때까지는 안에 있으라고 했잖아!" "다 했습니다. 여기 답이 있습니다." 5,050이 적힌 종이 쪽지를 선생님에게 내밀었다. 가우스는 101개의 숫자를 두 줄로 써놓는 방법을 알았던 것이 분명했다.

$$0 \quad 1 \quad 2 \quad 3 \quad \cdots \quad 97 \quad 98 \quad 99 \quad 100$$
$$100 \quad 99 \quad 98 \quad 97 \quad \cdots \quad 3 \quad 2 \quad 1 \quad 0$$

각 열의 합이 100임에 주목하여 즉각 덧셈을 마칠 수 있었다. 열이 101개이기 때문에 숫자의 합은 $101 \times 100 = 10{,}100$이었다. 그런데 두 행 각각 1에서 100까지의 자연수의 합이었다. 두 줄 가운데 하나만 필요했기 때문에, 답은 10,100의 절반인 5,050이었다. 아주 간단하다고 생각했다. 이 일로 선생님은 다시는 어린 가우스에게 수학 문제로 벌을 내리지 않았다.

15세가 되었을 때 가우스는 브라운슈바이크 대공의 재정 지원으로 브라운슈바이크 대학에 입학했다. 대공은 나중에 젊은 수학자가 명문 괴팅겐 대학에 채용되도록 도와주기도 했다. 거기서 1796년 3월 30일 가우스는 유명한 일지의 첫 장을 기록해 놓았다. 그 일지는 19쪽밖에 안 되지만 가우스는 그가 유도한 중요하고 강력한 수학적 연구 결과에 대한 146개의 간결한 진술을 기록해 놓았다. 18세기 말과 19세기의 수학자들이 발표한 거의 모든 중요한 수학적 아이디어들이 발표되지 않은 가우스의 《일지》 목록에 포함되어 있었다는 것이 나중에 밝혀졌다. 그 일지는 1898년 하멜른에서 가우스의 유품 중에서 발견될 때까지 공개되지 않은 채 남아 있었다.

정수론에 대한 가우스의 연구 결과는 동시대에 활동했던 수학자들에게 정기적인 서신 왕래를 통하여 전달되었는데, 이것은 페르마의 마지막 정리를 증명하려는 수학자들의 시도에 아주 중요한 역할을 했다. 이 연구 결과 중 상당수는 가우스가 24세(1801) 때 라틴어로 출판한 정수론에 관한 책에 포함되어 있다. 책의 제목은 《수론 연구Disquisitiones Arithmeticae》였는데 프랑스어로 번역되어 1807년에 파리에서 출판되었을 때 많은 주목을 받았다. 그것은 천재의 저술로 인식되었다. 가우스는 그것을 후원자인 브라운슈바이크 대공에게 헌정했다.

가우스는 고전 언어에 대해서도 뛰어난 학자였다. 대학에 들어갈 때 이미 라틴어의 대가였으며, 언어학에 대한 관심은 수학자로서의 경력에

위기를 초래했다. 언어 연구의 길을 갈 것인가 아니면 수학을 연구한 것인가? 전환점은 1796년 3월 30일이었다. 그의 《일지》에서 그 날 젊은 가우스가 수학을 전공하기로 분명히 결심했음을 알 수 있다. 수학과 통계학에서(그는 실험 데이터를 잘 맞출 수 있는 이론적인 곡선을 찾아내는 천재적인 방법인 최소제곱법을 발견한 공적을 인정받고 있다.) 가우스는 많은 분야의 발전에 공헌했는데 그중에서 정수론이 모든 수학의 핵심이라고 믿었다.

그러나 왜 세상에서 가장 위대한 수학천재인 가우스가 페르마의 마지막 정리를 증명하려 하지 않았을까? 가우스의 친구인 올베르스 H.W.M. Olbers는 1816년 3월 7일에 브레멘에서 쓴 편지에 파리 학술원이 페르마의 마지막 정리에 대한 증명 또는 반증을 제시하는 누구에게라도 거액의 현상금을 내걸었다는 내용을 전했다. 가우스라면 확실히 그 돈을 타낼 수 있을 것이라는 의견도 물론 덧붙였다. 그때 가우스는 브라운슈바이크 대공으로부터 재정적인 지원을 받고 있었기 때문에 취직하지 않아도 수학 연구를 계속할 수 있었다. 그러나 결코 부유하다고 할 수는 없었다. 올베르스가 이야기했듯이 어느 수학자도 그와 같은 전문 지식이나 능력을 갖고 있지 않았다. "친애하는 가우스여, 그대가 이 문제로 바빠지는 것이 옳은 일인 것 같다"고 올베르스는 편지를 결론지었다.

그러나 가우스는 유혹에 넘어가지 않았다. 아마도 페르마의 마지막 정리가 정말로 골치아픈 문제라는 사실을 알았던 것 같다. 정수론의 위대한 천재는 그것을 증명하는 것이 얼마나 어려운가를 제대로 인식했던 유럽 유일의 수학자였는지도 모른다. 두 주일 뒤에 가우스는 올베르스에게 페르마의 마지막 정리에 대한 의견을 적어보냈다. "파리의 현상금에 대한 뉴스를 알려주어 아주 감사하네, 그러나 고백하건대 독립적인 명제로서의 페르마의 정리는 별로 흥미가 없는데 나 자신도 사람들이 증명도 반증도 못할 그러한 명제를 쉽게 다량으로 만들 수 있기 때문일세." 그렇지만, 가우스는 복소해석으로 알려진 수학, 즉 오일러에 의해 촉발된 허수에 관하여 커다란 공헌을 했다. 허수는 나중에 페르마의 마지막 정리의 내용을 20세기적으로 이해하는 데 결정적인 역할을 한다.

허수

복소수 체는 보통의 실수를 기초로 하는 숫자들의 체인데, 허수라 부르며 오일러가 도입했다. 이 숫자는 수학자들이 $x^2+1=0$과 같은 방정식을 풀려고 할 때 나타난다. 이 간단한 방정식에는 '실수' 풀이가 없는데, 어떤

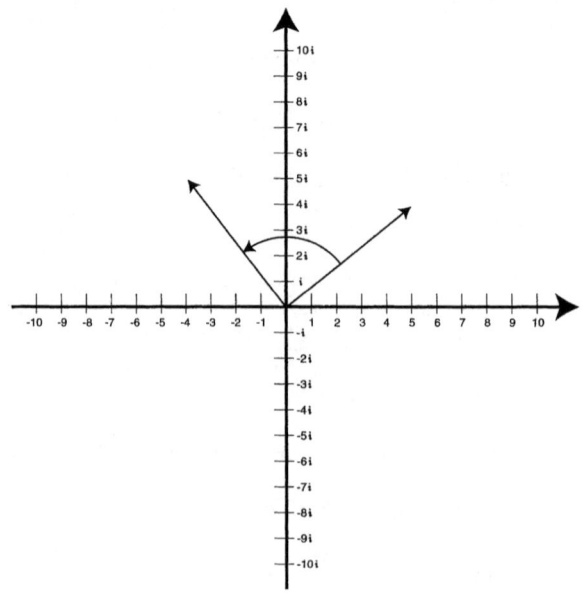

*i*를 곱하면 반시계 방향으로 회전한다.

실수도 제곱하여 −1, 즉 1을 더하여 0이 되는 숫자가 없기 때문이다. 그러나 어쨌든 −1의 제곱근을 어떤 숫자로 정의할 수 있다면 비록 실수는 아니지만 그 방정식에 대한 풀이가 될 것이다.

따라서 수직선은 허수를 포함하도록 확장된다. 이 상상 속의 숫자는 *i*로 표기되는 −1의 제곱근에 실수를 곱한 것이다. 그것은 실수 직선에 수

직으로 배치되었다. 두 축이 결합하여 복소평면을 이룬다. 왼쪽 그림은 복소평면을 나타낸다. 그것은 i를 곱하면 90° 회전하는 것과 같은 놀라운 특성이 있다.

복소평면은 모든 2차방정식의 풀이를 포함하는 숫자들의 체로는 가장 작은 것이다. 그것은 공학, 유체역학, 그 밖의 영역에 대한 응용에서도 아주 유용하다. 가우스는 전성기가 되기 수십 년 전인 1811년에 복소평면에서의 함수의 성질을 연구하고 있었다. 그는 해석함수로 알려진 이 함수들의 몇몇 놀라운 특성을 발견했다. 가우스는 해석함수에 특수한 매끈함smoothness이 있으며 특별하게 간결한 계산을 허용한다는 것을 발견했다. 해석함수는 직선과 곡선 사이의 각도와 방향성을 유지시키는데, 이는 20세기에 와서 중요한 역할을 하는 특성 중 하나이다. 모듈라 형식modular form이라는 해석함수는 페르마 문제에 대한 새로운 접근에서 결정적인 역할을 한다.

가우스는 사람들 앞에 나서는 것을 싫어했기 때문에 이 인상적인 연구 결과를 공표하지 않았다. 그는 연구 결과를 친구 프리드리히 빌헬름 베셀(Friedrich Wilhelm Bessel, 1784~1846)에게 편지로 보냈다. 몇 년 뒤 그 이론이 가우스 이름은 거론되지 않은 채 다시 출현했으며 다른 수학자들이 가우스 대신에 해석함수 연구에 대한 공적을 인정받았다.

소피 제르맹

어느 날 가우스는 '르블랑 씨'라는 사람에게서 편지를 받았다. 르블랑은 《수론 연구》라는 가우스의 책에 매료되어 수론에 대한 새로운 연구 결과의 일부를 보내왔다. 수학적인 문제에 대한 계속되는 서신 왕래를 통하여 가우스는 르블랑 씨와 그의 연구에 대하여 상당히 존경하게 되었다. 이러한 존경심은 상대방의 본명이 르블랑이 아니며 편지를 쓴 사람이 '남자Mr.'가 아니라는 것을 알게 되었을 때에도 줄어들지 않았다. 가우스에게 그렇게 유창하게 편지를 썼던 수학자는 당시 전문직에 종사했던 극소수의 여성 중 하나인 소피 제르맹(Sophie Germain, 1776~1831)이었다. 나중에 속였다는 것이 밝혀지자 다음과 같은 편지를 보냈다.

> 믿기 어려운 사실에 대하여 그렇게도 훌륭한 사례를 제공한, 존경하는 편지 친구 르블랑 씨가 마침내 빛나는 인물로 변신한 것을 바라보고 나서 존경과 놀라움을 어떻게 표현해야 할지……
> (*소피 제르맹에게 보낸 편지로, 가우스의 생일에 브라운슈바이크에서 썼는데 편지의 끝에 프랑스어로 다음과 같은 글이 있다. "Bronsvic ce 30 avril

1807 jour de ma naissance.")

소피 제르맹은 그 시절 팽배했던 여성 과학자에 대한 편견을 피하고 가우스의 진지한 관심을 얻기 위하여 남자 이름을 썼다. 그녀는 페르마의 마지막 정리의 증명을 시도했던 가장 중요한 수학자 중 하나였고 상당한 진전을 이루었다. 소피 제르맹의 정리는 $n=5$의 경우에 페르마의 방정식의 풀이가 존재한다면 세 숫자 모두가 5로 나누어 떨어져야 한다는 것이었다. 그 정리는 페르마의 마지막 정리를 5로 나누어지지 않는 숫자, 5로 나누어 떨어지는 숫자인 경우로 나누었다. 그 정리는 다른 거듭제곱으로 일반화되는데, 소피 제르맹은 첫번째 경우에서 100보다 작은 모든 소수 n에 대하여 페르마의 마지막 정리의 증명을 가능하게 하는 정리를 제공했다. 이것은 중요한 결과로 페르마의 마지막 정리가 100보다 작은 소수에 대하여 성립하지 않을 가능성을 두 번째 경우로 제한시켰다.

소피 제르맹은 가우스가 친구 '르블랑'에게 도움을 필요로 했을 때 그 동안 사용하던 가명을 버렸다. 1807년 나폴레옹은 독일을 점령했다. 프랑스인들은 독일인에게 전쟁배상금을 부과했는데 각 개인이 얼마의 가치가 있는가에 대한 그들의 파악에 근거하여 각자가 부담해야 할 액수를 결정했다. 괴팅겐의 뛰어난 교수이자 천문학자였던 가우스는 2,000프랑을 내도록 결정되었는데, 이는 그의 경제 능력 밖이었다. 위대한 가우스의 친구였던 많은 프랑스 수학자들이 도와주겠다고 했지만 거절했다. 가우스는 하노버에 주둔하고 있는 프랑스군의 페르네티Pernety 장군에게 잘 말해주기를 원했다.

가우스는 친구인 르블랑 씨에게 그가 프랑스 장군과 연락을 취할 수 있는지를 묻는 편지를 보냈다. 소피 제르맹이 기꺼이 응했을 때 그녀가 누구라는 것이 분명해졌다. 그러나 가우스는 편지에서 알 수 있듯이 감격했으며, 서신 왕래는 계속되었고 다양한 수학의 주제로 확장되었다. 불행하게도 그 둘은 한 번도 직접 만나지 못했다. 소피 제르맹은 1831년 가우스의 추천으로 괴팅겐 대학이 명예 박사학위를 수여하기 바로 전에 파리에서 사망했다.

소피 제르맹은 페르마의 마지막 정리의 풀이에 대한 기여 외에도 다른 업적들이 많이 있다. 음향학과 탄성의 수학적 이론, 응용 및 순수수학의 다른 영역에서도 활동적이었다. 정수론에서 소수가 풀이를 구할 수 있는 방정식과 관련되어 있다는 정리를 증명하기도 했다.

1811년에 나타난 빛나는 혜성

가우스는 행성의 궤도를 계산하는 등 천문학에 대해서도 중요한 연구를 많이 했다. 1811년 8월 22일, 밤하늘에서 가까스로 보이기 시작한 혜성을 관찰했다. 그는 태양을 향한 혜성의 정확한 궤도를 예측할 수 있었다. 육안으로도 혜성이 분명히 보이게 되고 밤하늘을 가로질러 밝게 빛날 때 유럽 시민들은 미신에 사로잡혀 나폴레옹의 몰락을 나타내는 하늘의 계시로 받아들였다. 비과학적이었지만 대중들의 생각은 옳았는데, 다음 해에 나폴레옹은 패배했고 러시아에서 퇴각했다. 가우스는 아주 기뻐했다. 그렇게 많은 금액을 강요한 뒤에, 프랑스 군대와 황제가 패퇴하는 것을 보게 된 것이 기분 나쁘지는 않았다.

제자

1826년 10월 노르웨이의 수학자 닐스 헨리크 아벨은 파리를 방문하여 다른 수학자들을 만나보려고 했다. 당시 파리는 수학의 메카였기 때문이었다. 아벨에게 가장 깊은 인상을 준 사람은 페테르 구스타프 레요이네 디리클레(Peter Gustav Lejeune Dirichlet, 805~1859)였다. 그 또한 파리를 방문하던 프로이센 사람이었는데, 처음에 그 젊은 노르웨이 인이 동료 프로이센 사람으로 생각되어 마음이 끌렸다. 아벨은 디리클레가 페르마의 마지막 정리를 $n=5$인 경우에 대하여 증명했다는 사실에 깊은 감명을 받았다. 그는 친구에게 보내는 편지에서 이 증명이 아드리엥-마리 르장드르에 의해서도 이루어졌음을 언급했다. 아벨은 르장드르가 극히 겸손했으나 나이가 아주 많았다고 묘사했다. 르장드르는 페르마의 마지막 정리를 $n=5$인 경우에 대하여 디리클레와는 독립적으로 2년 늦게 증명했다. 불행하게도 이런 일이 르장드르에게는 자주 일어났다. 그의 연구 중 많은 것이 젊은 수학자들의 연구 결과로 대체되었다.

　디리클레는 가우스의 친구이자 제자였다. 가우스의 위대한 저서 《수론 연구》는 출판되었을 때 곧 절판되었다. 가우스와 전공이 같은 수학자들조차도 구할 수 없었다. 책을 입수한 사람들은 가우스 저서의 깊이를 이해할 수 없었다. 디리클레는 그 책 한 권을 파리, 로마, 유럽 여러 곳을 여행할 때 휴대하고 다녔다. 디리클레는 가는 곳마다 그 책을 베개 밑에 놓은 채 잠이 들곤 했다. 가우스의 책은 봉인이 일곱 개나 되어 있다는 평을 받고 있었다. 천재적인 디리클레는 그 일곱 개의 봉인을 모두 뜯어낸 사람으로 알려졌다. 디리클레는 위대한 스승의 책을 이 세상 사람들에게 설명하고 해석하는 데 누구보다도 많은 일을 했다.

페르마의 마지막 정리를 $n=5$에 대하여 증명하고, 《수론 연구》에 대하여 부연 설명하는 것 말고도 다른 많은 수학적 업적을 이룩했다. 디리클레가 증명한 흥미 있는 결과 가운데 하나는 수열에 관련된 것이었다. 그 수열은 a, $a+b$, $a+2b$, $a+3b$, $a+4b$ 등으로 진행되는데, 여기서 a와 b는 1 이외의 공약수를 갖지 않는 정수이다. (즉 2와 3, 3과 5와 같은 것. 2와 4 같은 숫자는 해당이 안 되는데 2가 공약수이기 때문이고, 6과 9도 아닌데 3이 공약수이기 때문이다.) 디리클레는 이 수열이 무한히 많은 소수를 포함한다는 것을 증명했다. 디리클레의 증명에서 놀라운 점은 당시 이 문제의 본래 소속인 정수론과는 동떨어진 것으로 생각되었던 분야의 수학을 사용하여 증명했다는 것이다. 디리클레는 증명에서 해석학이라는 분야를 이용했는데 수학의 중요한 분야로 미적분학도 포함한다. 해석학은 연속적인 것을 취급한다. 즉, 직선상에 있는 숫자의 연속체에 대한 함수를 취급하는데, 이것들은 정수론의 영역인 정수나 소수의 이산적 세계와는 아주 다른 것처럼 보인다.

20세기에 도입된 페르마의 신비에 대한 현대적인 접근 방법은 서로 다르게 보이는 수학의 분야를 연결하는 이와 유사한 교량이었다. 디리클레는 개별적인 수학의 분야를 통합하는 영역에서 대담한 개척자였다. 그 학생은 나중에 선생님의 자리를 이어받았다. 가우스가 1855년에 죽었을 때 디리클레는 괴팅겐 대학에서 가우스 대신 일하기 위해 베를린 대학의 교수직을 떠났다.

나폴레옹의 수학자들

프랑스 황제는 수학자가 아니었지만 수학자를 매우 좋아했다. 그와 특히 가까웠던 두 사람은 가스파르 몽주(Gaspard Monge, 1746~1818)와 조지프 푸리에(Joseph Fourier, 1768~1830)였다. 나폴레옹은 1798년에 그 고대국가를 '개화'하는 데 도움을 받으려는 목적에서 그 두 수학자를 이집트에 데리고 갔다.

1768년 3월 21일, 푸리에는 프랑스의 오세르에서 태어나 여덟 살에 고아가 되었고 지역 주교의 도움을 받아 군사학교에 입학했다. 열두 살 어린 나이에 파리의 고위 성직자들을 위하여 설교 원고를 대필하기도 했다. 1789년의 프랑스 혁명은 젊은 푸리에를 성직자의 삶에서 구해냈다.

대신에 수학교수가 되었고 열렬한 혁명지지자가 되었다. 혁명이 공포정치로 바뀌었을 때 푸리에는 공포정권에 의하여 밀려났다. 그는 유창한 글솜씨로 수년 동안 다른 사람의 원고를 대필함으로써 공포정치에 맞서 설교를 계속했다. 푸리에는 또한 훌륭한 대중연설 기법을 이용하여 파리의 가장 좋은 학교에서 수학을 가르쳤다.

푸리에는 공학, 응용수학, 물리학에도 관심이 있었다. 에콜 폴리테크니크에서 이 분야에 대하여 본격적으로 연구했고, 그의 논문 중 많은 것이 학술원에 제출되었다. 유명해지자 나폴레옹의 주목을 받았고 1798년에 황제는 푸리에에게 이집트로 향하는 500여 척의 프랑스 함대의 기함을 타고 동행하도록 요청했다. 푸리에는 문화군단Legion of Culture의 일원이었다. 군단의 임무는 '이집트의 모든 국민들이 유럽 문명의 혜택을 받게 하는 것'이었다. 그들이 침공하는 무적함대에게 정복되는 동안에 문화가 전파될 것이었다. 두 수학자는 이집트 연구소를 세웠고, 푸리에는 그곳에서 1802년까지 머문 다음 프랑스로 돌아갔고 그레노블의 지사가 되었다. 거기서 늪지 물 빼기와 말라리아 박멸 같은 많은 유익한 공공사업을 벌였다. 푸리에는 수학자에서 전향한 행정가로서 그런 다양한 사업을 하는 중에도 용케 수학 연구를 계속했다. 푸리에의 걸작은 열의 수학적 이론이었는데, "열은 어떻게 전달되는가?"라는 중요한 질문에 답을 제공하는 것이었다. 이 저서로 1812년 학술원으로부터 대상을 받았다. 저서의 일부는 이집트의 사막에서 행했던 실험에 근거했다. 그의 친구들은 이러한 실험들이 밀폐된 실내의 고열에 노출됨으로써 62세로 일찍 죽는 데 영향을 미쳤다고 생각했다.

푸리에는 나폴레옹에 대하여 그리고 나폴레옹과의 친분에 대하여 이야기하며 말년을 보냈는데, 주로 이집트에서 활동하던 시절 그리고 나폴레옹이 엘바 섬에서 탈출한 뒤의 이야기였다. 그러나 열에 대한 연구는 주기함수에 대한 중요한 이론을 발전시켰기 때문에 그에게 불후의 명성을 제공했다. 그러한 주기함수들로 이루어진 급수는 다른 함수를 근사적으로 표현하기 위하여 특별한 방식으로 사용될 때 푸리에 급수라 불린다.

주기함수

주기함수에 대한 가장 명백한 예는 손목시계이다. 1분, 2분 시간이 흐름에 따라 큰 바늘은 원을 그리며 움직이는데, 60분 뒤에는 출발했던 바로 그 자리에 돌아온다. 그것은 계속되며 정확히 60분이 지나면 또다시 같은 지점으로 돌아온다. (물론 작은 바늘은 한두 시간이 지나야 위치가 눈에 띄게 바뀐다.) 손목시계 분침의 운동은 주기함수이다. 주기는 정확히 60분이다. 어떤 의미에서 분초로 이루어진 영겁의 시간, 즉 지금부터 영원의 미래까지 무한히 많은 짧은 시간의 집합은 시계의 큰바늘에 의하여 손목시계 문자판의 바깥 가장자리에 칭칭 감길 수 있다.

또 다른 예를 들면 속력을 내고 있는 기관차에는 엔진에서 바퀴로 동력을 전달하는 지렛대가 바퀴가 회전하는 동안 바퀴를 따라 위아래로 움직인다. 바퀴가 한 바퀴 돌 때마다 지렛대는 본래의 위치로 돌아간다. 즉 이 지렛대의 운동 또한 주기적이다. 지렛대 끝의 연직방향 높이는 기관차 바퀴의 반지름을 한 단위로 택했을 때 사인 함수로 정의된다. 이것은 학

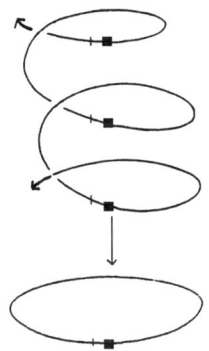

교에서 배우는 기초적인 삼각함수이다. 코사인 함수는 지렛대 끝의 수평운동을 나타낸다. 사인과 코사인은 둘 다 지렛대 끝이 바퀴의 중심을 지나는 수평선과 이루는 각도의 함수이다. 이것은 다음 그림에 설명되어 있다.

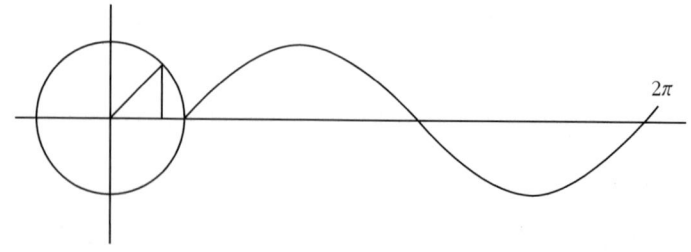

기차가 앞으로 나아감에 따라 지렛대 끝의 연직방향 높이는 그림과 같은 파동 모양을 따른다. 이 모양은 주기적이고 그 주기는 360도이다. 처음에 지렛대 끝의 높이는 0이고 파동과 같은 방식으로 1이 될 때까지 증가하며, 다시 감소하여 0이 되고, 음의 값이 되어 그 절대값이 1까지 되었다가 다시 감소하여 0이 된다. 순환은 모두 다시 시작된다.

푸리에가 발견했던 것은 대부분의 함수가 임의의 정확도까지 많은(거의 완전한 정밀도를 얻으려면 이론적으로는 무한히 많은) 사인과 코사인 함수의 합으로 근사될 수 있다는 것이었다. 이것이 푸리에 급수이다. 임의의 함수를 많은 사인과 코사인 함수의 합에 의해서 이렇게 전개하는 것은 수학의 많은 응용에서 유용한데, 취급해야 할 본래의 수학적 표현은 연구하기 어려우나 계수들이 곱해진 사인과 코사인의 합은 쉽게 다루거나 계산될 수 있는 경우에 그렇다. 그리고 이것은 특히 컴퓨터에서 실용적이다. 수치해석이라는 수학의 분야는 함수나 그 밖의 숫자로 이루어진 것을 컴퓨터로 계산하는 것과 관련이 있다. 푸리에 해석은 수치해석의 중요한 부분이며, 주기함수의 푸리에 급수를 이용하여 어려운 문제들을 — 그중에는 닫힌 형식의(즉, 간단한 수학적 표현으로 주어지는) 풀이를 갖지 않는 것들이 많다 — 연구하는 기법들로 이루어져 있다.

푸리에의 선구적인 연구가 있고 나서 다른 간단한 함수를 이용한 급수 전개가 개발되었는데 여기에는 주로 다항식(즉, 변수의 증가하는 거듭제곱들의 선형결합)이 사용되었다. 여러분의 계산기가 어떤 숫자의 제곱근을 계산할 때 그러한 방법에 기초한 근사법을 이용하여 연산을 수행한다. 사인과 코사인으로 이루어진 푸리에 급수는 자연적으로 주기적인 요소의 합으로 나타나는, 예를 들면 음악과 같은 현상을 어림하는 데 특히 유용하다. 음악의 한 소절은 화음으로 분해할 수 있다. 밀물, 썰물, 달이 차고 이지러짐, 태양의 흑점은 간단한 주기현상의 예이다.

푸리에의 주기함수는 자연적인 현상이나 계산 방법에 응용하는 것이 아주 중요한데, 한가지 놀라운 사실은 푸리에 급수 및 분석은 푸리에의 주된 관심사가 아닌 분야인 순수수학에도 유용하게 응용될 수 있다는 것이다. 푸리에 급수는 20세기에 정수론에서 중요한 역할을 하는데 고로 시무라의 논문에서는 수학적 요소를 한 영역에서 다른 영역으로 변환하는 도구로 쓰였다. (시무라의 추론에 대한 증명은 페르마의 마지막 정리를 증명하는 데 결정적이었다.) 푸리에의 주기함수를 복소평면으로 확장함으로써 수학의 이 두 영역을 연계해서 보형함수automorphic function와 모듈라 modula 형식을 발견하게 되었는데, 이것들 역시 또 다른 프랑스 수학자인 앙리 푸앵카레의 20세기 초반의 연구이며 페르마의 마지막 정리에 중대한 영향을 주었다.

라메의 증명

1847년 3월 1일, 파리 학술원 회합에서 가브리엘 라메(Gabriel Lamé, 1795~1870)라는 수학자는 아주 흥미롭게도 페르마의 마지막 정리에 대한 일반적인 증명을 확보했다고 발표했다. 그때까지는 특정 거듭제곱(n)들만 공략되었고, 정리의 증명은 $n=3, 4, 5, 7$의 경우에 대해서만 주어졌다. 라메는 그 문제에 대한 일반적인 접근방법을 갖고 있으며, 임의의 n에 대하여 성립할 것이라고 주장했다. 라메의 방법은 페르마 방정식의 좌변 $x^n + y^n$을 복소수를 이용하여 선형인자로 인수분해하는 것이었다. 그러고 나서 라메는 그가 제시한 방법이 조지프 리우빌(Joseph Liouville, 1809~1882)이 전해준 것이기 때문에 영광이 모두 자신의 것은 아니라고 겸손하게 말하기도 했다. 그러나 리우빌이 라메의 뒤를 이어 연단에 올랐고 모든 칭찬을 일소했다. "라메는 페르마의 마지막 정리를 증명한 것이 아니다"라고 조용히 말했다. 라메가 제시한 인수분해가 유일하지 않기 때문이라는 것이었다. (즉, 인수분해를 하는 데 여러 가지 방법이 있고 따라서 유일한 해란 존재하지 않는다.) 그것은 용감한 시도였으나 결실을 보지 못했다. 그러나 인수분해라는 아이디어, 즉 방정식을 인수의 곱으로 쪼개는 것은 나중에 다시 시도하게 된다.

이상수

인수분해를 다시 시도한 사람은 에른스트 에두아르트 쿠머(Ernst Eduard

Kummer, 1810~1893)였는데, 그 시대의 어느 누구보다 페르마 문제의 일반적인 풀이에 근접했던 사람이었다. 쿠머는 사실 페르마의 정리를 증명하려는 과정에서, 이상수ideal number에 대한 수학 이론을 하나 새롭게 만들어냈다.

쿠머의 어머니는 아들이 세 살밖에 되지 않았을 때 남편을 잃었으나 열심히 일해서 아들이 훌륭한 교육을 받게 했다. 18세 때 독일의 할레 대학에 입학했는데, 신학을 공부해서 교회에서 일하기 위한 의도에서였다. 그러나 대수학과 정수론에 대한 정열과 통찰력을 겸비한 수학 교수가 젊은 쿠머에게 이 분야에 관심을 갖게 했고, 그는 곧 신학을 포기하고 수학으로 바꿨다. 대학 3학년 때 쿠머는 현상금이 걸린 어려운 수학 문제를 풀었다. 이 성공으로 스물한 살의 나이에 박사학위를 받았다.

그러나 쿠머는 대학에서 자리를 얻을 수 없어 그가 다녔던 김나지움(고등학교)에서 교편을 잡았다. 그 후 10년 동안 아이들을 가르쳤다. 그러면서 그는 많은 연구를 했고, 그 결과를 발표하거나 지도적인 수학자들에게 편지로 써보냈다. 친구들은 이와 같이 재능 있는 수학자가 고등학교 수학을 가르치며 일생을 보내도록 하는 것이 얼마나 슬픈 일인가를 알고 있었다. 몇몇 뛰어난 수학자의 도움으로 쿠머는 브레슬라우 대학의 교수직을 얻었다. 일년 뒤인 1855년에 가우스가 사망했다. 디리클레는 괴팅겐 대학에서 가우스의 자리를 이어받았고 명문 베를린 대학에 빈 자리가 생겼다. 쿠머는 베를린 대학에서 디리클레와 임무 교대했고 은퇴할 때까지 그 자리를 지켰다.

쿠머는 아주 추상적인 것에서부터 아주 응용적인 것까지 수학의 여러 영역에 걸쳐서 연구했으며, 수학을 전쟁에 응용하는 문제까지 다루었다. 그러나 페르마의 마지막 정리에 대한 방대한 연구에 의하여 명성을 얻었다. 프랑스의 수학자 오귀스탱-루이 코시(Augustin-Louis Cauchy, 1789~1857)는 페르마의 마지막 정리에 대한 일반적인 풀이를 발견했다고 생각한 적이 여러 번 있었다. 그러나 침착하지 못하고 부주의한 코시는 여러 번의 시도를 통하여 그 문제가 예상했던 것보다는 훨씬 대규모라는 것을 알게 되었다. 그가 찾아낸 수의 체들은 항상 요구하는 성질을 갖지 못하였고 그 문제를 떠나 다른 것을 연구하게 되었다.

쿠머는 페르마의 마지막 정리에 사로잡혔는데 처음에는 코시와 같은 전철을 밟았다. 그러나 관련된 수체들이 어떤 특성을 갖지 못한다는 것을 인식했을 때 희망을 포기하는 대신에 그가 필요로 하는 성질을 갖는 새로운 숫자를 발명했다. 그는 이 숫자를 '이상수'라 불렀다. 그래서 쿠머는 무에서 출발하여 완전히 새로운 이론을 만들어냈고, 그것을 페르마의 마지막 정리를 증명하려는 시도에 사용했다. 한순간 쿠머는 최종적으로 일반적인 증명을 발견했다고 생각했으나 이것 또한 불행히도 필요로 하는 성질을 갖고 있지 않았다.

그럼에도 쿠머는 페르마 문제에 대한 공략에서 막대한 소득을 얻었다. 이상수에 대한 연구는 n이 아주 넓은 부류의 소수인 경우에 대하여 페르마의 마지막 정리를 증명하는 것을 가능하게 했다. 따라서 페르마의 마지막 정리가 옳다는 것을 무한히 많은 지수, 즉 '정칙' 소수들로 나누어 떨어지는 숫자에 대하여 증명할 수 있었다. '비정칙' 소수는 그를 피해갔다. 100보다 작은 비정칙 소수는 37, 59, 67뿐이다. 그래서 쿠머는 이 비정칙 소수에 대하여는 개별적으로 연구했고 결국 이 숫자들에 대하여 페르마의 정리를 증명하는 데 성공했다. 1850년대가 되어 쿠머의 믿기 어려운 대약진에 의하여 페르마의 마지막 정리는 $n=100$ 이하의 모든 지수 그리고 이 영역의 소수에 대한 무한히 많은 배수에 대하여 옳다는 것이 알려졌다. 비록 그것이 일반적인 증명이 아니며 정리의 성립 여부가 알려지지 않은 숫자들이 무한히 많이 있었지만 이것만으로도 대단한 업적이었다.

1816년 프랑스 학술원은 페르마의 마지막 정리를 증명하는 사람에게 현상금을 걸었다. 1850년 학술원은 다시 페르마의 마지막 정리를 증명하는 수학자에게 금메달과 3,000프랑의 상금을 걸었다. 1856년, 학술원은 페르마의 문제에 대한 해결이 단시일 내에 가능한 것으로 보이지 않았기 때문에 상을 취소했다. 대신에 "1과 정수의 근으로 이루어진 복소수에 관한 훌륭한 연구에 대하여" 쿠머에게 상을 주었다. 그리하여 쿠머는 응모하지도 않았던 상을 받게 되었다.

쿠머는 페르마의 마지막 정리에 대하여 지칠 줄 모르는 노력을 계속했는데 1874년에 가서야 연구를 그만두었다. 쿠머는 또한 4차원 공간의 기하학에 대해서도 선구적인 연구를 했다. 그의 연구 결과 가운데 어떤 것은 현대물리학의 핵심인 양자역학에 쓸모가 있다. 쿠머는 1893년 80세에 독감으로 사망했다.

이상수에 관한 쿠머의 성공은 이 숫자들을 이용하여 페르마의 문제를 해결하는 데 이룩한 실제적인 진전 그 이상으로 수학자들에 의하여 찬양되었다. 이 특기할 만한 이론이 페르마의 마지막 정리를 해결하려는 시도에 의하여 영감을 받았다는 것은 특정 문제를 해결하려는 와중에 전혀 새로운 이론이 탄생될 수도 있다는 것을 보여주고 있다. 쿠머의 이상수 이론은 현재 '아이디얼ideal' 이라는 이론으로 발전하게 되었는데, 이는 20세기에 와일스와 다른 수학자들이 페르마의 마지막 정리를 연구하는 데 큰 도움을 주었다.

또 다른 현상금

1908년, 10만 마르크짜리 볼프스켈 상 Wolfskehl Prize이 독일에서 내걸렸는데 페르마의 마지막 정리의 일반적인 증명을 제시하는 사람에게 수여될 예정이었다. 상이 내걸린 첫 해에 621개의 '풀이'가 접수되었다. 그것들은 모두 잘못된 것으로 밝혀졌다. 다음 몇 해 동안 수천 개의 '풀이'가 더 접수되었는데 결과는 마찬가지였다. 1920년대에는 독일의 초인플레이션이 10만 마르크의 실제 가치를 거의 무로 돌려놓았다. 그러나 페르마의 마지막 정리에 대한 잘못된 증명은 계속 쏟아져 들어왔다.

비유클리드 기하학

19세기의 수학에서는 다양하면서도 새로운 방향으로 발전이 진행되었다. 헝가리인 야노스 보여이(Janos Bolyai, 1802~1860)와 러시아인 니콜라스 이바노비치 로바체프스키(Nicolas Ivanovitch Lobachevsky, 1793~1856)는 기하학의 면모를 일신했다. 평행선은 결코 만나지 않는다는 유클리드

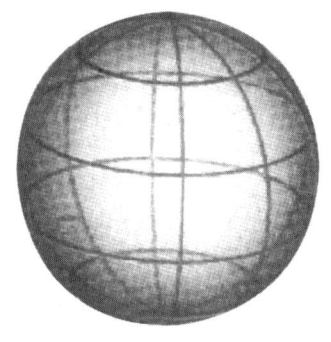

의 공리를 부정함으로써 두 사람은 독립적으로 유클리드 기하학의 성질 중 많은 것은 그대로 유지하지만 평행한 두 직선이 무한대에 있는 한 점에서 만나는 것을 허용하는 기하학적 우주를 형성할 수 있었다. 이렇게 생겨난 새로운 기하학은, 예를 들면 구의 표면 같은 것에서 성립하는 것으로 이해될 수 있다. 국소적으로 두 경선은 평행하다. 그러나 그것들은 북극점까지 연결되어 있기 때문에 두 직선은 거기서 만난다. 새로운 기하학은 많은 문제를 해결했고, 그때까지 신비스럽고 해결책이 없는 것으로 보였던 상황을 설명할 수 있게 되었다.

아름다움과 비극

추상대수학이라는 것은 방정식의 풀이로 대표되는 보통의 대수학에서 19세기에 파생된 분야이다. 이 분야에는 갈루아의 아름다운 이론이 눈에 띈다.

에바리스트 갈루아Évariste Galois는 1811년에 파리 교외의 부르 라 레느라는 작은 마을에서 태어났다. 아버지는 읍장이었고 충실한 공화주의자였다. 어린 갈루아는 민주주의와 자유를 이상으로 여기며 성장했다. 불행하게도 프랑스는 그 당시 반대 방향으로 가고 있었다. 프랑스 혁명은 왔다 갔고 나폴레옹도 그랬다. 자유, 평등, 박애에 대한 꿈은 아직 성취되지 않았다. 왕당파들은 왕정으로 복귀하는 것을 원했는데, 부르봉 왕가의 후예가 다시 왕이 되어 이제는 시민의 대표들과 함께 통치하고 있었다.

갈루아의 일생은 혁명이라는 드높은 이상에 깊이 기울어져 있었다. 그는 훌륭한 공론가였고, 공화주의자들에게 선동적인 연설을 하기도 했다. 한편 수학자로서 견줄 수 없는 뛰어난 능력을 가진 천재였다. 10대 때 이미 갈루아는 기성 수학자들에게 알려져 있던 대수학과 방정식에 대한 이론 모두를 흡수했고, 학생 신분으로 오늘날 갈루아 이론으로 알려진 완전한 체계를 확립했다. 불행히도 그는 비극적인 짧은 일생 동안 아무런 인정도 받지 못했다. 갈루아는 모든 사람들이 잠이 든 밤중까지 기숙학교에 남아 이론을 써내려갔다. 그는 그것을 프랑스 학술원장인 수학자 코시에게 보냈는데, 출판을 도와줄 것으로 기대했기 때문이었다. 그러나 코시는 아주 바빴을 뿐만 아니라 거만하며 부주의했다. 갈루아의 훌륭한 원고를 읽지도 않은 채 쓰레기통에 넣어버렸다.

갈루아는 다시 시도했으나 결과는 마찬가지였다. 한편 프랑스의 저명한 수학자 대부분이 공부한 에콜 폴리테크니크 입학시험에도 실패했다. 갈루아는 머릿속에서 연구를 완결하는 습관이 있었다. 그는 실질적인 결과를 얻을 때까지 결코 노트를 만들거나 무언가 적어놓거나 하지 않았다. 이 방법은 지엽적인 것보다는 중심적인 아이디어에 전력을 기울이는 효과를 가져왔다. 젊은 갈루아는 지엽적인 것에는 참을성도 흥미도 거의 없었다. 그의 흥미를 끈 것은 거대한 아이디어, 더 큰 이론의 아름다움이었다. 결과적으로 갈루아는 칠판 앞에서 시험을 치기에는 적합하지 않은 상태였다. 이것이 그가 꿈꾸던 학교 입학에 두 번이나 실패한 이유였다. 두 번째로 칠판 앞에 서게 되었을 때 글씨를 잘 쓰지도 않았고, 중요하다고 생각하지 않는 지엽적인 것에 대하여 질문을 받을 때에는 짜증을 냈다. 믿을 수 없을 만큼 지능이 뛰어난 젊은이가, 그의 깊은 아이디어를 이해하지 못하고 그가 사소하고 지엽적인 것에 대해 표현하기를 꺼리는 것을 무지로 간주하는 훨씬 능력이 못 미치는 시험관들에게 질문받게 된 것은 비극이었다. 두 번째이자 마지막으로 허용된 시도가 실패하여 학교의 문이 영원히 닫힐 것이라는 것을 알게 되었을 때, 갈루아는 칠판 지우개를 시험관 얼굴을 향해 던지고 말았다.

갈루아는 차선인 에콜 노르말로 대신해야 했다. 그러나 거기서도 잘 지내지 못했다. 부르라렌느의 읍장인 갈루아의 아버지가 한 성직자의 음모에 휩싸였다. 한 사악한 성직자가 외설적인 시구에 읍장의 이름을 표기해서 유포시켰다. 몇 달 동안의 박해로 갈루아 아버지는 자신감을 잃고 세상이 모두 자기를 공격하고 있다고 확신하게 되었다. 서서히 현실 감각을 상실한 아버지는 파리로 가 아들이 공부하는 곳에서 멀지 않은 아파트에서 자살했다. 젊은 갈루아는 이 비극에서 끝내 회복되지 못했다. 실패로 돌아간 1830년 혁명의 목표에 사로잡혀서, 왕당파나 성직자들에게 아부하던 교장을 비판하는 통렬한 편지를 썼다. 그는 파리 전 지역의 학생들이 정권에 반대하는 봉기로 3일 간의 가두 시위를 한 후 더욱 자극받았다. 갈루아와 급우들은 학교에 갇혔다. 높은 담을 기어오를 수 없었기 때문에 화가 난 갈루아는 교장을 비판하는 신랄한 편지를 가제트 데 에콜Gazette des Écoles에 보냈고, 그 결과 학교에서 쫓겨났다. 그러나 갈루아는 겁내지 않고 가제트에 두 번째 편지를 썼으며, 학생들에게 명예와 양심을 옹호하라고 역설했지만 호응을 얻지 못했다.

학교를 그만두자, 갈루아는 수학 개인교습을 시작했다. 자신의 수학 이론을 학교 울타리 밖에서 가르치려 했다. 그때 그의 나이 열아홉이었다. 그러나 수준이 너무 높았기 때문에 갈루아는 가르칠 학생을 찾을 수 없었다. 그는 시대를 너무 앞서갔던 것이다.

좋은 교육을 받을 수 없게 되어 불확실한 미래에 직면하게 되자 자포자기하여 프랑스 방위군의 포병대에 들어갔다. 과거에 라파에트가 지휘했던 방위군에는 젊은 갈루아의 정치철학에 가까운 개방적인 요소가 있었다. 방위군에 있는 동안 수학적인 연구 결과를 출판하려는 마지막 시도를 한 번 더 했다. 그는 오늘날 아름다운 갈루아 이론으로 알려진 방정식의 일반해에 대한 논문을 써서, 프랑스 학술원의 시메옹 드니 푸아송(Siméon-Denis Poisson, 1781~1840)에게 보냈다. 푸아송은 논문을 읽었으나 "이해할 수 없다"고 단정할 정도로, 당시의 나이든 프랑스 수학자 그 누구보다도 열아홉 살 젊은이는 훨씬 앞서 갔던 것이다. 그의 우아하고 새로운 이론은 그들의 지능을 능가했다. 결국 갈루아는 수학을 포기하고 전업 혁명가가 되기로 결심했다. 시민들을 혁명에 동참시키는 데 몸이 하나 필요하다면 내놓겠다고 말했다.

1831년 5월 9일, 200명 가량의 젊은 공화주의자들은 방위군의 포병대를 해산하라는 명령에 저항하는 회식을 했다. 1830년의 새로운 혁명뿐만 아니라 프랑스 대혁명과 영웅들을 위한 건배가 있었다. 갈루아는 일어나서 "루이 필립에게"라고 건배를 제의했다. 그는 오를레앙 공이며 당시 프랑스의 국왕이었다. 이렇게 말하며 잔을 들어올렸는데 갈루아는 다른 손에 펼친 주머니칼을 들고 있었다. 이것은 국왕의 생명에 대한 위협으로 해석되었고 소요가 일어났다. 다음날 갈루아는 연행되었다.

    국왕의 목숨을 위협했다는 기소에 변호사는 갈루아가 실제로는 칼을 들고서 "루이 필립에게, 그가 독재자가 된다면"이라고 말했다고 변론했다. 사건 현장에 있었던 포병대 친구 몇이 증언했고, 재판부는 무죄라고 판결했다. 갈루아는 증거물이 놓인 탁자에서 칼을 접어 호주머니에 넣고 나서 자유인으로서 재판정을 떠났다. 그러나 그 자유도 오래 가지 못했다. 한 달 뒤에 위험한 공화주의자로 체포되었는데, 당국이 죄목을 찾는 동안 기소도 되지 않은 채 감옥에 있었다. 그들은 결국 기소 이유를 하나 찾아냈는데 해산된 포병대의 제복을 입고 다닌다는 것이었다. 갈루아는 이 죄목으로 기소되어 금고 6개월을 선고받았다. 왕당파들은 체제의 위험한 적으로 간주했던 스무 살짜리를 마침내 제거하게 된 것을 기뻐했다. 갈루아는 얼마 뒤 가석방되었고 어정쩡한 상태가 되었다. 다음에 어떤 일이 일어났는가에 대해서는 의문의 여지가 많다. 가석방 기간 동안 갈루아는 젊은 여인을 만나 사랑에 빠졌다. 어떤 사람은 단번에 갈루아의 혁명적인 활동을 끝내버리기를 원했던 적대적인 왕당파들에게 걸려들었다고 믿었다. 어쨌든 그가 만난 여인은 정숙한 여자가 아니었다. 두 사람이 연인 관계가 되자마자 왕당파 하나가 "그녀의 명예를 지키기 위해" 찾아왔고 결투를 신청했다. 젊은 수학자는 곤경에서 빠져나갈 방법이 없었다. 그 사람을 설득해서 결투를 피하려고 백방으로 노력했으나 허사였다.

결투 전날 밤 갈루아는 편지를 여러 통 썼다. 친구에게 보낸 이 편지는 왕당파들에게 걸려들었다는 이론을 뒷받침하고 있다. 왕당파 두 사람에게 도전받았는데 그들은 명예를 지키라고 부추겨서 공화파 친구들에게 결투를 알리지 못하게 했다고 쓰고 있다. "나는 악랄한 바람둥이 여자에게 희생되어 죽는다. 나의 삶이 끝나는 것은 하찮은 싸움 때문이다. 아……! 왜 그렇게 하찮은 일로 죽어야 하는가, 왜 그렇게 경멸스러운 일 때문에 죽어야 하는가!"

결투 전날 밤 갈루아는 조심스럽게 그의 수학이론 전부를 종이에 옮겼고 친구 오귀스트 슈발리에Auguste Chevalier에게 보냈다. 그리고 1832년 5월 30일 새벽에 황량한 들판에서 도전자와 맞섰다. 그는 복부에 총탄을 맞았고 심한 고통 속에 들판에 내버려졌다. 아무도 의사를 부르려 하지 않았다. 결국 농부가 발견해서 병원으로 데리고 갔는데 다음날 아침에 사망했다. 그의 나이 스무 살이었다. 1846년에 조지프 리우빌이라는 수학자가 갈루아의 훌륭한 수학이론을 편집해서 학술지에 발표했다. 갈루아의 이론은 한 세기 반이 지난 뒤에 페르마의 마지막 정리를 공략하는 방법에 결정적인 단서를 제공했다.

또 다른 희생자

코시의 부주의함과 거만 때문에 또 한 사람의 훌륭한 수학자가 일생을 망쳤다. 닐스 헨리크 아벨(Niels Henrik Abel, 1802~1829)은 노르웨이 핀되 마을 목사의 아들이었다. 그가 16세가 되었을 때 선생님은 가우스의 유명한 책《수론 연구》를 읽도록 격려했다. 아벨은 정리 중 몇몇에 대하여 증명의 결함을 보완할 수 있을 정도로 뛰어났다. 그러나 2년 뒤에 아버지가 사망하자 젊은 아벨은 수학공부를 뒤로 미루고 가족을 부양하는 데 전력을 기울여야 했다. 어려움도 많았지만 아벨은 수학공부를 조금씩 계속했고 19세에 주목할 만한 수학적 발견에 도달했다. 1824년에는 5차방정식에 풀이가 없다는 것을 증명하는 논문을 발표했다. 그리하여 아벨은 그 시대의 가장 유명한 문제 하나를 해결했다. 그러나 이 재능 있는 젊은 수학자는 가족을 부양해야 했고 대학에 자리를 절실히 원했지만 여의치 않았다. 그는 가치를 평가받고 가능하면 출판되어 인정받게 되기를 바라고 연구 결과를 코시에게 보냈다. 아벨이 코시에게 보낸 논문은 탁월한 효력과 일반성을 갖춘 것이었다. 그러나 코시는 논문을 잃어버렸다. 몇 년 뒤에 활자화되긴 했지만 아벨에게 도움이 되기에는 너무 늦었다. 1829년에 아벨은 가난과 혹독한 환경에서 가족을 부양하는 스트레스 때문에 생긴 폐결핵으로 죽었다. 사망 이틀 후에 편지 한 장이 아벨 앞으로 배달되었는데 그가 베를린 대학 교수가 되었다는 내용이었다.

아벨 군(Abelian Group, 현재는 보통 명사로 소문자 'a' 즉 abelian으로 쓰인다)이라는 개념은 현대 대수학에서 아주 중요하며, 페르마 문제의 현대적 풀이에 결정적인 도움을 준다. 아벨군은 수학 연산의 순서가 바뀌어도 결과에 영향을 주지 않는 군이다. 아벨 다양체는 추상적인 대수적 실체인데 그것 또한 페르마의 마지막 정리의 해결을 향한 현대적인 접근에 중요한 역할을 한다.

데데킨트의 아이디얼

카를 프리드리히 가우스가 남긴 유산은 긴 세월을 관통하여 상속되었다. 가우스의 가장 뛰어난 수학의 후계자 가운데 하나는 리하르트 데데킨트 (Richard Dedekind, 1831~1916)였는데, 위대한 대가와 같은 도시, 즉 독일의 브라운슈바이크에서 태어났다. 그러나 가우스와는 달리 어린 시절의 데데킨트는 수학에 대한 대단한 흥미도 능력도 보이지 않았다. 그는 물리학과 화학에 더 흥미가 있었고 수학은 과학을 섬기는 머슴 정도로 간주했다. 그러나 17세 때 데데킨트는 위대한 가우스가 수학에 대하여 공부했던 카롤리네 대학에 입학했고, 거기서 그의 미래는 바뀐다. 데데킨트는 수학에 흥미를 갖게 되었고 괴팅겐에서 그 관심사를 추구하였는데, 그곳에는 가우스가 교편을 잡고 있었다. 1852년 21세 때 데데킨트는 가우스로부터 박사학위를 받았다. 그 대가는 미적분학에 대한 학생의 박사학위 논문이 "완전히 만족스럽다"고 판정했다. 이것은 그렇게 대단한 칭찬이 아니었고, 사실 데데킨트의 천재성은 아직 드러나지 않았다.

1854년에 데데킨트는 괴팅겐 대학의 강사가 되었다. 1855년에 가우스가 사망하자 디리클레는 베를린 대학에서 옮겨와 그 자리를 이어받았다. 데데킨트는 괴팅겐에서 행해진 디리클레의 강의에 모두 참석했으며 정수론에 대한 디리클레의 논문을 편집하면서 데데킨트 자신의 연구에 기초한 부록을 첨가했다. 이 부록은 데데킨트가 대수적 수에 대하여 개발한 이론의 개요를 포함하고 있는데, 대수적 수란 대수방정식의 풀이에 의하여 정의된다. 그것들은 유리수와 숫자의 제곱근의 배수를 포함한다. 대수적 수체는 다양한 종류의 방정식에 대한 풀이로 나오기 때문에 페르마 방정식의 연구에 아주 중요하다. 그래서 데데킨트는 정수론에서의 중요한 영역을 개발하게 되었다.

페르마의 마지막 정리에 대한 현대적 접근에서 데데킨트의 가장 큰 공헌은 아이디얼 이론을 개발한 것인데, 이는 쿠머의 이상수를 추상화한 것이었다. 데데킨트에 의하여 개발된 후 1세기가 지나서 아이디얼은 배리 마주르에게 영감을 주었고 마주르의 연구 결과를 앤드류 와일스가 이용하였다.

1857~58학년도에 데데킨트는 갈루아 이론에 대한 첫번째 수학 강좌를 개설했다. 데데킨트의 수학에 대한 이해는 아주 추상적이었고, 그는 군론을 오늘날의 수준으로 격상시켰다. 추상화는 페르마의 문제에 대한 20세기적인 접근을 가능하게 했다. 갈루아가 개발한 이론에 대한 데데킨트의 개척적인 강좌는 이런 방향을 향한 커다란 진전이었다. 그 강좌는 단 두 학생이 수강하였다.

그러고 나서 데데킨트는 색다른 방향 전환을 모색한다. 그는 취리히에 자리가 나자 괴팅겐을 떠났고, 5년 뒤인 1862년에 브라운슈바이크로 돌아와 40년 동안 고등학교에서 교편을 잡았다. 대수학을 믿을 수 없을 만큼 높은 수준으로 추상화 및 일반화했던 훌륭한 수학자가 잘 알려지지 않은 고등학교에서 가르치기 위하여 유럽 대학에서 가장 명망 있는 자리를 갑자기 떠난 이유를 아무도 설명할 수 없었다. 데데킨트는 결혼하지 않았으며 여러 해 동안 누이와 함께 살았다. 1916년에 죽는 날까지도 그는 명석하고 능동적인 정신 상태를 유지했다.

세기말

19세기에서 20세기로 바뀌는 시기에 프랑스에는 놀랄 만큼 폭넓고도 다양한 영역에서 커다란 능력을 발휘한 수학자가 살고 있었다. 앙리 푸앵카레(Henri Poincaré, 1854~1912)의 폭넓은 지식은 수학에 한정되지 않았다. 1902년 이후 이미 저명한 수학자였을 때 푸앵카레는 수학에 대한 교양서적을 여러 권 썼다. 이 염가 문고본들은 모든 연령층의 사람들이 읽었는데 파리의 카페나 공원에서 흔히 볼 수 있었다.

푸앵카레는 크게 성공한 집안에서 태어났다. 사촌인 레이몽 푸앵카레는 1차 세계대전 동안에 프랑스의 대통령직에 올랐다. 다른 친척들도 프랑스의 정부나 공공기관에서의 직무를 수행했다.

푸앵카레는 어릴 적부터 비상한 기억력을 보여주었다. 그는 읽은 책의 어느 쪽이든 암송할 수 있었다. 그러나 그의 무신경함은 전설적이었다. 한번은 한 핀란드의 수학자가 푸앵카레를 만나 몇몇 수학 문제를 토론해 보려고 파리에 온 적이 있었다. 방문객은 푸앵카레의 서재 밖에서 세 시간이나 기다리고 있었는데 그 동안 무심한 수학자는 연구생활 내내 그랬듯이 서재 안을 왔다갔다했다. 마침내 푸앵카레가 대기실로 머리를 불쑥 내밀면서 "선생, 당신은 나를 방해하고 있어요!"라고 외쳤고, 방문객은 즉시 떠나 다시는 파리에 나타나지 않았다.

푸앵카레의 천재성은 초등학교에 다닐 때부터 발휘되었다. 그러나 다재다능하고 한창 성장 중인 르네상스식의 사람이었으므로 수학에 대한 특별한 적성은 아직 나타나지 않았다. 어린 시절에는 글짓기에서 아주 뛰어났다. 그의 재능을 알아채고 격려했던 선생님은 그의 시험지를 잘 간수했다. 그러나 어떤 점에서는 관심을 갖고 있던 선생님이 어린 천재에게 "제발, 너무 잘하지 마라…… 좀 평범하도록 노력해라"고 주의를 주어야 했다. 분명히, 프랑스 교육자들은 반세기 전에 보았던 갈루아의 불운에서 무언가를 배웠다. 즉, 재능 있는 학생들이 평범한 시험관의 수중에서 종종 실패한다는 것을 알아낸 것이었다. 선생님은 푸앵카레가 너무 뛰어나서 그러한 시험에 실패하지 않을까 진정으로 걱정했다. 어린 시절부터 푸앵카레는 무신경했다. 그는 먹었는지 안 먹었는지를 잊어버려서 종종 식사를 거르기도 했다.

어린 푸앵카레는 고전에 흥미가 있었고 작문에도 탁월했다. 10대에 수학에 흥미를 갖게 되었고 곧 탁월한 소질을 보였다. 방에서 서성이는 동안에는 전적으로 머릿속으로 문제를 풀곤 했다. 그리고 자리에 앉아 아주 급하게 써내려갔다. 이 점에서 그는 갈루아와 오일러를 닮았다. 푸앵카레가 시험을 쳤을 때 초등학교 선생이 몇 년 전에 염려했던 대로 수학에서 거의 낙방할 뻔했다. 결국 시험에 통과는 했지만 사실은, 17세의 나이에 수학자로서의 명성이 너무 대단해서 시험관들이 감히 그를 떨어뜨리지 못한 것이 이유였다. "푸앵카레가 아니었다면 어떤 학생이라도 떨어졌을 것이다"라고, 에콜 폴리테크니크에서 동시대의 가장 위대한 프랑스 수학자가 될 학생을 통과시키면서 수석 시험관이 선언했다.

푸앵카레는 수학, 수리물리, 천문학 교양과학에 대하여 수십 권의 책을 썼고 새로운 수학적 주제에 대하여 500편이 넘는 연구논문을 썼다. 특히 위상수학에 많은 공헌을 했는데 그것은 오일러에 의해 시작된 분야이다. 그러나 푸앵카레의 연구 결과가 너무 중요했기 때문에 수학 사에서는 1895년에 푸앵카레의 《위상해석학 Analysis Situs》 출판부터 위상수학이 본격적으로 시작된 것으로 간주한다. 위상수학은 모양과 곡면과 연속함수에 대한 연구인데 20세기 말에 페르마의 문제를 이해하는 데 중요한 역할을 했다. 그러나 페르마의 마지막 정리에 대한 현대적인 접근에 더욱 필수적이었던 것은 앙리 푸앵카레가 개척한 또 다른 분야였다.

모듈라 형식

푸앵카레는 푸리에가 사용했던 사인과 코사인 같은 주기함수들을 수직선에서가 아니라 복소평면에 대해서 연구했다. 사인함수 $\sin x$는 반지름이 1인 원에서 각도가 x 일 때의 수직높이이다. 이 함수는 주기적이다. 그것은 각도가 그 주기인 360°의 배수만큼 더해질 때마다 계속 반복된다. 이 주기성은 대칭성이다. 푸앵카레는 복소평면을 조사해 보았는데 이것은

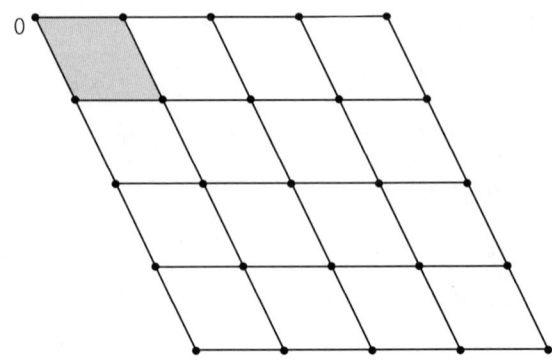

다음 그림처럼 수평축에는 실수, 수직 축에는 허수를 나타낸다.

여기서 주기함수는 실수축과 허수축 모두에 대하여 주기성이 있는 것으로 생각될 수 있었다. 푸앵카레는 나아가 대칭성이 더욱 풍부한 함수의 존재를 가정했다. 이것은 복소변수 z가 $f(z) \longrightarrow f(az+b/cz+d)$로 변할 때 불변인 함수이었다. 여기서 구성요소 a, b, c, d는 행렬로 정돈되었을 때 대수적 군을 이룬다. 이는 무한히 많은 변환이 가능하다는 것을 의미한다. 그것들은 모두 서로 교환되며 함수 f는 이 변환군에 대하여 불변이다. 푸앵카레는 그러한 불가사의한 함수를 보형형식automorphic forms이라 불렀다.

보형 형식은 내적 대칭성이 많기 때문에 아주 기묘한 녀석이다. 푸앵

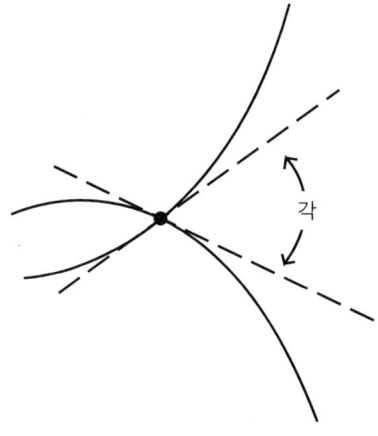

카레는 그것들이 존재하는지 확신할 수 없었다. 실제로 푸앵카레는 연구 과정을 다음과 같이 묘사했다. 15일 동안 아침에 일어나서 보형형식이 존재할 수 없을 것이라는 것을 자신에게 확신시키려고 노력하면서 책상에 몇 시간씩 앉아 있곤 했다. 15일째 되는 날 틀렸다는 것을 알았다. 이 기묘한 함수들은 시각적으로 상상하기 힘들지만 존재했다. 푸앵카레는 그것들을 모듈라 형식이라는 좀더 복잡한 함수로 확장했다. 모듈라 형식은 복소평면의 반쪽 중 윗부분에 살고 있으며 그것들은 쌍곡기하를 갖고 있다. 즉, 그것들은 보여이와 로바체프스키의 비유클리드 기하학이 지배하는 기묘한 공간에 살고 있다. 이 반평면에 있는 어떤 점을 통과하는 임의

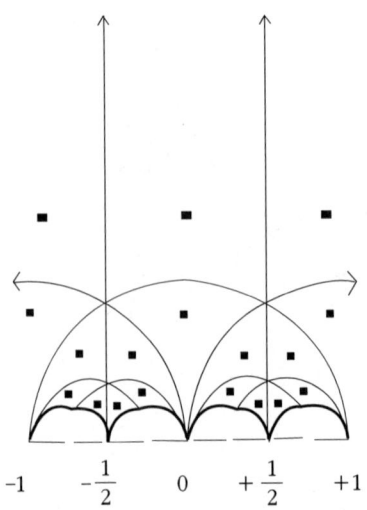

의 주어진 선에 대해서도 많은 평행한 '선'이 존재한다.

아주 기묘한 모듈라 형식들은 이 공간 내에서 여러 방식으로 대칭적이다. 대칭성은 함수에 숫자를 더하고 $1/z$과 같이 역수를 취함으로써 얻을 수 있다. 이 대칭성을 이용한 복소반평면의 분할이 위의 그림에 있다.

푸앵카레는 대칭적인 보형형식과 그보다 난해한 모듈라 형식을 남겨둔 채 다른 수학을 계속 연구해 나갔다. 그는 너무 많은 분야에서 바빴고, 몇 가지를 한꺼번에 연구하기도 했기 때문에 거의 상상할 수 없는 무한히 대칭적인 실체들에 대하여 느긋하게 앉아서 생각해 볼 시간이 없었다. 그러나 자신도 모르는 사이에 결과적으로 페르마 문제의 해결을 가져다줄 또 다른 씨앗을 정원에 뿌렸던 것이었다.

도넛과의 예기치 않은 연결

1922년, 영국의 수학자 루이스 모델Louis J. Mordell은 대수방정식의 풀이와 위상수학 사이의 아주 기묘한 관계를 발견했다. 위상수학의 구성요소는 곡면과 공간이다. 이 곡면은 임의의 차원에 존재할 수 있다. 고대 그리스 기하학에서의 도형과 같이 2차원에 있거나, 3차원 공간 혹은 더욱 높은 차원에도 있을 수 있다. 위상수학은 이 공간에 작용하는 연속함수와 공간의 성질 자체에 대한 연구이다. 모델이 관심을 가졌던 위상수학의 세부 분야는 3차원 공간에서의 곡면에 대한 것이었다. 그러한 곡면에 대한 간단한 예는 농구공 같은 구의 표면이다. 그 공은 3차원이지만 표면은 (두께를 무시할 때) 2차원적인 대상이다. 지구의 표면이 또 다른 예이다. 지구 자체는 3차원이다. 지구의 표면 및 내부의 어느 시점이라도 경도(1차원), 위도(두 번째 차원), 깊이(세 번째 차원)에 의하여 나타낼 수 있다.

그러나 지구의 표면은(깊이가 없음) 2차원인데, 지구 표면상의 어떤 점이라도 두 숫자, 즉 경도와 위도에 의하여 지정될 수 있기 때문이다.

3차원 공간에서의 2차원 곡면은 그 종수genus에 의하여 분류할 수 있다. 종수는 표면에 뚫린 구멍의 숫자이다. 구면의 종수는 0인데 거기에는 구멍이 없기 때문이다. 도넛은 구멍이 하나 있다. 따라서 도넛(수학적으로는 원환면torus이라 부름)의 종수는 1이다. 구멍이란 표면을 따라 완전히 관통한 구멍을 말한다. 손잡이가 둘인 컵은 관통하는 구멍이 두 개 있다. 따라서 종수가 2인 곡면이다.

어떤 종수의 곡면은 연속함수에 의하여 같은 종수의 다른 곡면으로 변환될 수 있다. 어떤 종수의 곡면을 다른 종수의 것으로 변환시키는 유일한 방법은 구멍을 메우거나 새로 만드는 것이다. 이는 연속적인 함수로는 가능하지 않은데, 이를 위해서는 수학적으로 불연속인 절단과 용접이 모두 필요하기 때문이다.

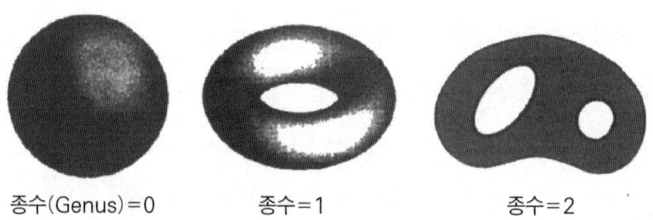

종수(Genus)=0   종수=1   종수=2

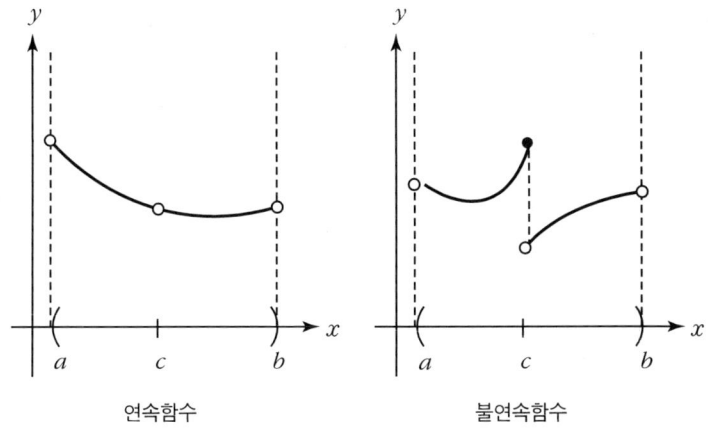

연속함수 　　　　　　　불연속함수

　모델은 방정식의 풀이로 이루어진 곡면에 있는 구멍의 숫자(종수)와 방정식의 정수해의 숫자가 유한한가 무한한가 사이에 기묘하고 전적으로 예상하지 못한 관계가 존재한다는 것을 발견했다. 복소수를 이용하여 가장 일반적으로 풀었을 때 풀이의 곡면이 둘 이상의 구멍(즉, 2 이상의 종수)을 갖는다면 그 방정식은 단지 유한한 숫자의 정수해를 갖는다는 것이었다. 모델은 이 발견을 증명할 수 없었고 단지 모델의 추론Modell's conjecture으로 알려졌다.

팔팅스의 증명

1983년, 부퍼탈 대학에 있는 27세의 독일 수학자 게르트 팔팅스Gerd Faltings가 모델 추론을 증명할 수 있었다. 팔팅스는 페르마의 마지막 정리가 정수론에 속하지만 고립되어 있는 문제라고 생각했기 때문에 그 정리 자체에는 관심이 없었다. 그러나 그의 증명은 20세기에 개발된 대수기하의 강력한 기법과 함께 대단한 천재성에 의해 이루어졌는데, 페르마의 마지막 정리의 증명 과정에 깊고도 밀접한 관계를 갖게 되었다. n이 3 이상인 페르마 방정식의 풀이에 대한 종수는 2 이상이었고, 페르마 방정식에 정수해가 존재한다면 가짓수는 유한하다는 것이 명백하게 되었다(그 숫자가 무한히 많지는 않다는 것이 밝혀졌기 때문에 위안이 된다). 뒤이어 곧바로 그랜빌Granville과 히스-브라운Heath-Brown이라는 두 수학자가 팔팅스의 결과를 이용하여 페르마 방정식의 해의 가짓수가 만약 그것들이 존재한다 해도 지수 n이 증가함에 따라 감소한다는 것을 보였다. 페르마의 마지막 정리가 성립하는 지수의 비율이 n이 증가함에 따라 100%에 접근한다는 것이 증명된 것이다.

달리 말하면, 페르마의 마지막 정리는 '거의 항상' 옳다는 것이다. 만약 페르마의 방정식에 해가 존재한다면(이 경우 정리는 성립하지 않는다) 그러한 풀이는 아주 드물고 서로 멀리 떨어져 있어야 했다. 그래서 1983년에 페르마의 마지막 정리는 다음의 상태에 있었다. 정리가 100만까지의 n에 대해서는 증명되었다(1992년에는 400만으로 올라갔다). 게다가 큰 n에 대해서는 풀이가 존재한다 하더라도 극소수이며 n이 커지면 가능성은 감소한다.

재미있는 신비한 그리스 장군

프랑스에는 니콜라스 부르바키Nicolas Bourbaki라는 저자가 쓴 훌륭한 수학책들이 수십 권 있다. 부르바키(1816~1897)는 19세기의 그리스 장군이었다. 1862년에 부르바키는 그리스의 왕위를 제의받지만 거절했다. 장군은 프랑스-프로이센 전쟁에서 중요한 역할을 했고, 낭시라는 프랑스 도시에는 그의 동상이 있다. 그러나 부르바키 장군은 수학에 대해서는 아무것도 알지 못했다. 그는 수학 또는 그 밖의 분야에 대하여 한 권의 책도 쓰지 않았다. 그렇다면 누가 그의 이름으로 그 많은 수학책을 썼을까?

그 답은 두 세계대전 사이에 있었던 파리에서의 행복한 날에서 찾을 수 있다. 헤밍웨이, 피카소, 마티스만이 카페에 앉아 친구를 만나고 사람들을 바라보고 사람들에게 보이기를 좋아한 것은 아니었다. 그 시절 파리 대학 근처의 좌측 강 언덕에 있는 바로 그 카페에는 활기 넘치는 수학공동체가 번창하고 있었다. 수학교수들은 뤽상브르 정원 근처의 불르바르 생 미셸Boulevard st. Michel에 있는 괜찮은 음식점에서 친구들을 만나고, 카페오레나 파스티스(pastis, 아니스 향료를 넣은 술—옮긴이)를 마시며 수학에 대하여 토론했다. 파리의 봄날은 문학가, 예술가, 수학자들을 고무시켰다.

햇살이 밝은 어느 날 쾌적한 카페에 한 무리의 수학자가 모여드는 것을 상상해 보자. 그들이 이론의 세밀한 부분에 대하여 활기차게 토론할 때에는 동지애가 넘쳐흘렀다. 그 모임이 늘 카페에서 혼자 일하기를 좋아했던 헤밍웨이가 글쓰는 것을 방해하기도 했을 것인데, 아마 자리를 떠나서 또 다른, 덜 유명한 소굴로 옮겨갔을 것이다. 그러나 수학자들은 개의치 않았다. 그들은 동료를 존중했고, 수학자로 가득한 카페는 숫자와 기호와 공간과 함수라는 똑같은 언어로 이야기하고 있어서 도취된 분위기였다. "이것이 피타고라스 학파 사람들이 수학에 대하여 이야기할 때 느꼈던 기분일 거야"라고 모임의 연장자가 축배를 높이 들며 말했을 것이다. "그래, 그러나 그들은 페르노(Pernod, 방향성의 프랑스제 리큐어. 상표명—옮긴이)를 마시지 않았잖아"라고 하자 모두 웃었다. "또 우리가 그들과 다른 점이 있어." 첫번째 사람이 대답했다. "왜 우리는 공동체를 만들지 않지? 물론, 비밀스러운 것으로." 그러자 찬성의 발언이 퍼져나갔다. 어떤 사람이 친애하는 부르바키 장군의 이름을 빌리자고 했다. 이 제안에는 이유가 있었다. 그 시절 파리 대학의 수학과에는 직업적인 배우를 초청하여 교수진과 대학원생들 앞에서 니콜라스 부르바키의 연기를 하게 하는 연례행사가 있었다. 그때 수학적인 허튼 소리로 긴 독백을 하는 원맨쇼를 하곤 했다. 현대수학이론이 풍부해지면서 수학 용어 가운데에는 일상생활에서와는 다른 의미로 쓰이는 방대한 어휘들이 생겨났기 때문에 공연은 아주 재미있었다. 그런 말 중에 하나는 '조밀한dense' 이다. 유리수는 실수 안에서 조밀하다고 말한다. 이는 유리수의 임의의 근방 안에 유리수가 존재함을 의미한다. 그러나 '조밀한' 은 일상생활에서 다른 것을 의미한다.

오늘날 대학원생들은 의미가 두 가지인 말에 대한 유희를 즐기는데, 부드러운 운전자smooth operator 컬리 파이Curly Pi를 만나는 아름다운 폴리 노미얼Poly Nomial의 이야기를 말하곤 한다(다항식polynomial, 매끄러운 연산자smooth operator, 감겨 올라간 파이curly pi는 모두 수학 용어다).

그래서 이들이 함께 쓴 책들은 니콜라스 부르바키라는 이름으로 출판되었다. 부르바키 세미나가 시작되었고 수학적인 아이디어와 이론이 논의되었다. 공동체의 구성원들은 익명을 고수했고, 수학적인 연구 결과는 부르바키 이름으로 공동체의 성과로 인정되었다.

그러나 부르바키 구성원들은 피타고라스 학파 사람들과 똑같지는 않았다. 책의 저자는 니콜라스 부르바키였지만 정리와 증명 같은 연구 결과는 책보다 훨씬 중요한 것으로 평가되고, 그것은 수학자 개인의 공로로 인정되었다. 부르바키의 초기 구성원 중에 앙드레 베유(André Weil, 1906~1998)가 있었는데, 그는 나중에 미국으로 건너가서 프린스턴 고등 연구소에서 활동한다. 그리고 그의 이름은 페르마 문제의 해결로 이끄는 중요한 추론에 계속 붙어 다닌다.

부르바키의 설립자 중 또 다른 사람은 프랑스 수학자 장 디유돈네Jean Dieudonné인데 그는 공동체 '오직 프랑스어만'의 다른 구성원과 마찬가지로 미국 대학에 있는 더 싱싱한 목초지로 옮겨갔다. 디유돈네는 니콜라스 부르바키라는 공동의 이름으로 출판된 많은 책의 주요 저자였는데, 부르바키라는 익명의 요구가 각자의 자아와 어떻게 충돌했는지를 요약해서 묘사하고 있다. 디유돈네는 한 번 부르바키 이름으로 논문을 출판했다. 그 논문엔 오류가 있음이 발견되었고, 디유돈네는 〈N. 부르바키의 오류에 대하여〉라는 짧은 논문을 발표했고 거기에 J. 디유돈네라고 서명했다.

그 공동체의 정신 분열적인 성격은 구성원들이 모두 프랑스인들이지만 대부분이 미국에 살고 있다는 사실로 대표되는데, 미스터 부르바키의 소속에서도 나타난다. 보통 니콜라스 부르바키의 출판물에는 소속이 '낭카고Nankago 대학'과 같은 식으로 나와 있는데, 이는 낭시Nancy라는 프랑스 도시와 시카고Chicago의 합성어이다. 그러나 부르바키는 프랑스어로만 출판했으며, 구성원들이 모이면 보통 프랑스 휴양도시에서 회합을 가졌고, 대화는 프랑스어로 한 것은 물론이고, 파리 학생 특유의 언어가 사용되었다. 맹목적인 애국주의는 미국에 살고 있는 이들 프랑스 수학자들의 개별적인 생활에까지 영향을 미쳤다. 앙드레 베유는 부르바키의 창립 멤버인데 많은 중요한 논문을 영어로 발표했다. 그러나 그는 《논문집 Oeuvres》을 프랑스어로 출판했으며, 거기에는 페르마 문제와 관련된 추론이 언급된 논문이 실려 있다. 베유의 유별난 행동은 이 이야기의 주연 배우 중 한 사람의 명성을 손상시켰고, 이 치명적 실수에서 회복되지 못했다.

부르바키의 구성원들은 집단적인 유머 감각으로 칭찬을 받아야 할 것 같다. 40여 년 전에 미스터 니콜라스 부르바키로 미국수학회에 개인회원 가입신청을 했다. 학회의 서기는 동의하지 않았고, 미스터 부르바키가 학회에 가입하기를 원한다면 기관회원(회비가 훨씬 비싸다)으로 신청해야 한다고 답장했다. 이에 부르바키는 회신하지 않았다.

타원곡선

디오판토스 문제, 즉 3세기에 디오판토스가 제공한 방정식에서 제기된 문제들은 20세기에 타원곡선이라는 수학적 기법을 이용하여 점점 더 많이 연구되기 시작했다. 그러나 타원곡선은 타원과는 아무런 관계가 없다. 그것은 본래 수세기 전에 타원함수와 연관되어 사용되었는데, 타원함수는 타원의 둘레를 계산하는 데 도움을 주려고 고안된 것이다. 수학에서 많은 혁신적인 아이디어와 마찬가지로 이 분야의 개척자는 바로 가우스였다.

기묘하게도 타원곡선은 타원도 아니고 타원함수도 아니다. 그것은 변수가 둘인 3차 다항식이다. 그것은 $y^2 = ax^3 + bx^2 + cx$ 처럼 생겼는데 여기서 a, b, c는 정수 또는 유리수이다(특히 유리수에 대한 타원곡선에 흥미가 있다). 그러한 타원곡선의 예가 다음의 그림에 나와 있다.

타원곡선 위에서 유리수인 점을 살펴보면, 즉 곡선상에서 두 정수의 비율로 표현되는 점에만 관심을 갖는다면(π나 2의 제곱근 같은 무리수는 빼고) 이 숫자들은 군을 이룬다. 이는 멋진 성질이 있음을 의미한다. 임의의 두 풀이를 택하여 그것들을 더하면 어떤 의미에서 제3의 풀이를 얻을 수 있다. 정수론 학자들은 타원곡선에 매료되었는데, 그것들이 방정식과 풀이에 대한 많은 의문점을 해결해 줄 수 있었기 때문이었다. 그래서 타원곡선은 정수론에서 가장 앞선 연구 기법이 되었다.

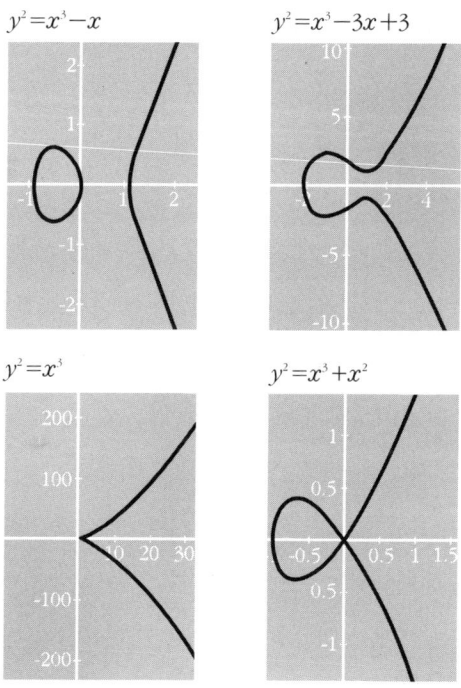

기묘한 추론이 만들어지다

언젠가 정수론 전문가들은 그들이 연구하는 타원 곡선 가운데 일부가 모듈라하다는 것을 알게 되었다. 즉, 이 약간의 타원곡선은 모듈라 형식과 관련된 것으로 생각할 수 있었다. 어떤 타원곡선은 어떤 식으로든 복소평면 그리고 많은 대칭성을 가진 쌍곡공간에서의 이 함수들과 연결될 수 있을 것 같았다. 왜 그리고 어떻게 이런 일이 일어나는가는 분명하지 않았다. 관련된 수학이 전문가들에게조차 극히 복잡했고, 그 내적 구조, 즉 내재한 아름다운 조화는 거의 이해되지 않았다. 타원함수가 실제로 모듈라하다면 그것들은 흥미 있는 성질을 갖게 된다. 곧 누군가가 모든 타원함수가 모듈라하다는 대담한 추론을 작성할 분위기가 무르익고 있었다.

모듈라 함수는 복소반평면의 위쪽 부분의 비유클리드 공간에 존재하며, 그곳에서는 대칭성이 너무 복잡해서 시각화하기가 거의 불가능한데 모듈라라는 개념을 이해하기 위해서는 아주 간단한 예를 하나 살펴보는 것이 유용하다. 이 예에서 취급하는 곡선은 타원곡선이 아니다. 변수가 둘인 3차식 대신에 변수가 둘인 2차식을 취급한다. 그 곡선은 다름 아닌 원이다. 중심이 원점에 있고 반지름이 a인 원의 방정식은 $x^2+y^2=a^2$으로 주어진다. 이제 $x=a\cos t$, 그리고 $y=a\sin t$와 같은 간단한 주기함수를 살펴보자. 이 두 함수는 원의 방정식을 만족하는 x와 y를 나타낼 수 있다. 원의 방정식은 이런 의미에서 모듈라하다. 그 이유는 삼각함수 공식 가운데 $\sin^2 t + \cos^2 t = 1$이 있으며, 이 공식을 원의 방정식에 대입하면 (각 항에 a^2를 곱하면) 등식이 성립하기 때문이다.

모듈라 타원곡선은 바로 이 아이디어를 특수한 비유클리드 기하학이 수반된 더욱 복잡한 복소평면으로 확장한 것이다. 여기서 주기함수들은 수직선에서의 사인 함수나 코사인 함수처럼 단일변수 t에 대해서만 대칭적인 것은 아니다. 그것들은 복소평면에서의 보형 또는 모듈라 형식이며 더욱 복잡한 변환 $f(z) \longrightarrow f(az+b/cz+d)$에 대하여 대칭성이 있다.

1950년대 초 일본 도쿄

1950년대 초 일본은 전쟁의 참화에서 가까스로 벗어나고 있었다. 더 이상 굶주리지는 않게 되었으나 아직 가난했고, 평균적인 일본인은 매일같이 생존을 위한 투쟁을 벌였다. 그러나 공장들은 폐허에서 재건되고 사업은 재창업되었으며, 일반적인 분위기는 희망에 차 있었다.

당시는 대학 생활 또한 어려웠다. 학생들 사이의 경쟁은 격렬했다. 좋은 성적은 졸업 후의 좋은 직장을 의미했다. 봉급이 낮았음에도 불구하고 대학 안에서 자리잡기가 아주 힘들었기 때문에 순수수학 박사과정 학생들에게 특히 심각한 문제였다. 유타카 타니야마는 그런 수학과 박사과정 학생이었다. 그는 1927년 11월 12일에 도쿄 북쪽으로 약 50킬로미터 떨어진 키사이라는 도시에서 시골 의사의 8남매 가운데 막내로 태어났다. 젊은 나이에 타니야마는 아벨 다양체의 복잡한 곱을 수반하는 수학의 분야를 연구하기 시작했다. 이 분야에 대해서는 알려진 것이 별로 없었고 타니야마는 힘든 시간을 보냈다. 상황이 더 나빴던 것은, 도쿄 대학의 노교수들의 조언이 거의 쓸모 없다는 것을 알게 된 것이었다. 그는 모든 세부사항을 스스로 유도해야 했고 수학연구에서의 모든 작업을 말 그대로 '악전고투' 하곤 했다. 젊은 유타카 타니야마의 생활에선 아무것도 쉽지 않았다.

타니야마는 세 평도 안 되는 원룸 아파트에 살았다. 그 건물은 층마다 화장실이 하나밖에 없어서 입주자들이 공동으로 사용했다. 목욕을 하려면 건물에서 조금 떨어진 곳에 있는 공중목욕탕에 가야 했다. 그 낡아빠진 아파트 건물은 '조용한 산 속 빌라'로 불렸는데, 복잡한 거리의 철도 가까이에 서 있는 관계로 몇 분에 한 번씩 열차가 굉음을 울리며 지나갔기 때문에 역설적으로 붙은 이름이었다. 아마도 그래서 연구에 더 집중할 수 있었는지도 모르는데, 젊은 유타카는 대개 밤에 연구했고 종종 오전 6시에 취침하기도 했다. 더운 여름을 제외하면 거의 매일 똑같은 금속성 광택이 나는 청록색 양복을 입고 다녔다. 친한 친구 고로 시무라에게 설명한 바에 따르면 아버지가 아주 싼값에 그 옷감을 행상에게 샀다는 것이다. 그러나 윤이 났기 때문에 아무도 입으려 하지 않았다. 유타카는 외모에 신경을 쓰지 않았기 때문에 외출복으로 만들어 입고 다녔다.

타니야마는 1953년에 도쿄 대학을 졸업하고 수학과에서 '특별 연구 학생' 자리를 얻었다. 친구 시무라도 1년 전에 졸업하여 캠퍼스 반대편에 있는 교양학부 수학과에 비슷한 자리를 얻었다. 그들의 우정은 상대편에게 수학 학술지 한 권을 도서관에 반납해 달라는 편지를 쓰고 나서 시작되었다. 그들은 저렴한 식당에서 함께 식사하곤 했는데 아마도 일본에서 일반화되던 서양식 음식을 파는 곳이었던 것 같다.

당시 일본에는 훌륭한 수학자들이 거의 남아 있지 않았다. 수학자가 어느 정도의 명성을 얻으면 미국이나 유럽의 대학으로 옮겨가려 했는데, 거기에는 수학 공동체가 잘 정립되어 있었고 같은 분야에서 연구하는 사람들과의 연계도 가능했기 때문이다. 그러한 연결고리는 잘 알려지지 않은 난해한 영역에 대하여 연구를 할 때 아주 중요했다. 그들의 관심 분야에 대하여 잘 알고 있는 사람들과 유대 관계를 조성하기 위하여 두 친구는 1955년 9월의 대수적 정수론에 대한 도쿄-닛코 심포지엄을 준비하는 것을 도왔다. 이 작은 학회에서 행해진 몇 가지 진술은 오랫동안 모호한 채로 남아 있을 운명이었지만 결과적으로 중대한 결말에 이르러 맹렬한 논쟁을 불러일으키기도 했는데, 이는 거의 40년이 지난 뒤의 일이었다.

희망에 가득 찬 출발

두 친구는 학회 운영에 필요한 서류를 정리했고, 장소를 수배했으며, 학회에 참가했으면 좋겠다고 생각되는 국내외의 수학자들에게 초청장을 발송했다. 앙드레 베유는 프랑스를 잠시 떠나 시카고 대학의 교수로 있었는데 그에게도 초청장을 보냈다. 5년 전의 국제 수학자 회의에서 베유는 '수체에 대한 다양체의 제타 함수'에 관하여 하세Hasse라는 수학자가 작성한 미지의 추론에 대하여 수학계가 관심을 갖게 했다. 그 불명료한 진술이 어느 정도는 정수론 연구자들의 관심을 끌었다. 분명히 베유는 정수론에서의 이러한 추론적인 아이디어를 수집하고 있었고, 이것을 하세의 공로로 인정하며 논문집에 포함시켰다.

이 분야의 연구 결과에 관심이 있었기 때문에 베유는 타니야마와 시무라에게 마음이 끌렸고, 학회에 참석하라는 초청을 그가 수락했을 때 두 친구는 기뻐했다. 도쿄-닛코에 온 또 다른 외국 수학자는 젊은 프랑스 수학자인 장 피에르 세르였다. 부르바키가 아주 유명한 수학자들만 받았기 때문에 세르가 당시에는 부르바키 회원이 아니었겠지만 나중에 그 구성원으로 합류했다. 일부 수학자들은 세르가 야심에 차 있고 아주 경쟁적이라고 묘사했다. 그는 가능한 한 많은 것을 배우기 위하여 도쿄-닛코에 왔다.

일본인들은 정수론에 대하여 무언가 알고 있었으나 많은 연구 결과들이 일본어로 출판되어 외국에는 알려지지 않았다. 그런데 학회가 영어로 진행될 것이기 때문에 학회는 이 결과를 알아볼 아주 좋은 기회였다. 그는 거기서 발표된 수학에 접할 일본 밖에서 온 극소수의 수학자들 가운데 하나가 될 것이었다. 그 학회의 회보는 일본어만으로 출판될 것이다. 20년 뒤 세르는 도쿄-닛코에서의 어떤 사건에 대하여 관심을 갖게 만드는데, 세상 사람들은 그의 설명은 경청했으나 일본어로 된 회보 내용은 관심 밖이었다.

회보는 서른여섯 문제를 포함하고 있다. 10번, 11번, 12번, 13번 문제는 유타카 타니야마가 작성했다. 하세의 아이디어와 유사하게 타니야마

타니야마 유타카

시무라 고로, 그의 추론을 처음
으로 개발했던 1965년경

1955년 학회도중 닛코로 향하는 여행
왼쪽에서부터 타마가와, 세르, 타니야마, 베유

의 문제는 제타 함수에 관한 추론을 형성했다. 그는 복소평면에서의 푸앵카레의 보형함수와 타원곡선의 제타 함수를 연관지으려는 것처럼 보였다. 타원곡선이 복소평면에서의 무언가와 아무튼 연계될 것이라는 것은 신비스러웠다.

"무슨 얘기를 하고 계신지……?"

네 개의 문제로 표현된 그 추론은 모호했다. 타니야마가 그 의미가 분명히 나타나도록 그 문제를 구성했던 것은 아니었는데 그 역시 무엇인지 확신하지 못했기 때문이었을 것이다. 그러나 기본적인 아이디어는 거기에 있었다. 복소평면상에서 그 많은 대칭성을 갖는 보형함수들이 디오판토스의 방정식과 어떤 식으로든 연결되어 있다는 것은 그의 직관이자 육감이었다. 확실히 그것은 분명하지는 않았다. 그는 수학의 아주 다른 두 분야 사이에 숨겨진 연결고리를 설치하려 노력하고 있었다.

앙드레 베유는 타니야마가 생각하고 있는 것이 정확히 무엇인지 알고 싶어했다. 학회의 활자화된 기록, 즉 일본어로 출판된 회보에 의하면 베유와 타니야마 사이에 다음과 같은 의견 교환이 있었다.

베유: 당신은 모든 타원함수들이 모듈라 함수에 의하여 균일화될 수 있다고 생각하는가?
타니야마: 모듈라함수만으로는 충분하지 않을 것이다. 다른 특별한 유형의 보형함수들이 필요하다고 생각한다.
베유: 물론 그것들 중 어떤 것이 그런 식으로 취급될 수 있을지도 모른다. 그러나 일반적인 경우에 그것들은 아주 다르며 알쏭달쏭해 보인다……

이 대화에서 두 가지가 분명하다. 첫째, 타니야마는 타원곡선에 연관된 것이 '모듈라함수만' 이 아니라 '보형함수' 라고 언급하고 있다. 둘째, 베유는 일반적으로 그러한 연관성이 있다는 것을 믿지 않았다. 나중에 이렇게 믿으려 하지 않은 것에 관하여 아주 특이한 상황에 처하는데, 그가 만들지도 않았고 심지어 옳다고 믿지도 않았던 추론에 베유의 이름이 늘 붙어다니게 된 것은 놀라운 일이었다. 그러나 운명은 종종 기묘하고 믿기 어려운 우여곡절을 겪게 되며 더욱 더 기괴한 사건들도 일어난다.

이 모든 것들은 수십 년 뒤에야 문제가 되었다. 유타카 타니야마가 무엇을 의미했으며, 어떻게 생각하고 말했는지를 정확히 아는 것은 현대 역사학자들에게 도움이 될 것이다. 그러나 불행하게도 다른 많은 젊은 수학 천재들에게 그랬던 것과 마찬가지로 비극이 몰래 타니야마에게 접근했다.

한두 해쯤 뒤에 고로 시무라는 도쿄를 떠나서 처음에는 파리로 그리고 나서 고등연구소와 프린스턴 대학으로 갔다. 두 친구는 우편으로 연락을 유지했다. 1958년 9월 고로 시무라는 유타카 타니야마에게서 마지막 편지를 받았다. 1958년 11월 17일 아침, 31번째 생일 닷새 뒤에 유타카 타니야마는 아파트에서 숨진 채로 발견되었는데, 책상 위에는 유서가 놓여 있었다.

시무라의 추론

도쿄-닛코 학회 이래 10년이 지났고, 고로 시무라는 프린스턴에서 정수론, 제타 함수, 타원곡선에 대한 연구를 계속하고 있었다. 그는 작고한 친구의 아이디어가 어디에서 오류가 있었는지를 알게 되었고, 수학의 영역에서 숨겨진 조화를 찾으려는 자신의 연구와 탐색의 결과로, 조금 다른 더욱 대담하며 더욱 정확한 추론을 만들어냈다. 그의 추론은 유리수에 대한 모든 타원곡선은 모듈라 형식에 의하여 균일화된다는 것이었다. 모듈라 형식은 복소평면에서 타니아마의 보형함수보다 특수한 요소이다. 그리고 영역을 유리수로 제한하고 다른 변경을 가한 것 또한 중요한 보완이었다.

　시무라의 추론은 다음 그림으로 설명할 수 있다.

　우리가 복소평면을 '말아서' 원환면을 만든다면(그림에서는 도넛 모양) 이 곡면은 타원방정식의 유리수 풀이를 모두 포함할 것인데, 이것들은 또한 디오판토스의 방정식에서도 나온다. 나중에 페르마의 마지막 정리의 해결에서 중요하게 된 것은 페르마의 방정식 $x^n+y^n=z^n$의 해가 존재한다면 이 해 또한 그 원환면에 놓여야 한다는 것이다. 이제 시무라는 유리수 계수를 가진 모든 타원곡선(즉, 계수가 a/b 형태인 방정식으로, 여기서 a와 b는 정수이다)이 비유클리드적이고 쌍곡기하를 가진 푸앵카레의 복소반평면에 '짝'을 갖는다고 추론했다. 각 유리수 타원곡선의 특별한 짝은 복소반평면에서 아주 특수한 함수였는데 그것은 평면의 복잡한 변환에 대하여 불변이다. 그 변환은 $f(z) \longrightarrow f(az+b/cz+d)$인데 계수는 많은 예기치 않은 대칭성이 있는 군을 이룬다. 이 모든 것들은 아주 복잡하고 아주 기술적이어서 대부분의 수학자들이 수십 년 동안 믿어왔듯이 예상

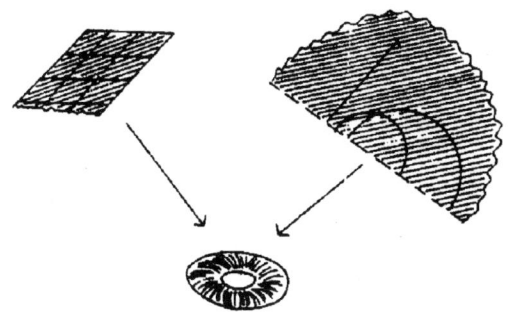

할 수 있는 시일 안에 증명하는 것은 불가능해 보였다.

시무라의 추론이 말하는 것은 모든 타원곡선은 수면 위에 나와 있는 빙산의 일부라는 것이었다. 수면 아래에는 복잡한 구조 전체가 놓여 있었다. 그 추론을 증명하기 위해서는 모든 빙산은 물 속에 잠겨 있는 부분이 있다는 것을 증명해야 했다. 어떤 특별한 집단의 빙산은 물 속에 잠긴 부분이 있다는 것이 알려져 있었으나 빙산은 무한히 많기 때문에 아래쪽을 모두 조사해 볼 수는 없는 일이었다. 수면 아랫부분이 없는 빙산은 존재할 수 없다는 것을 보여주기 위해서는 일반적인 증명이 필요했으며 그 증명을 완성하는 것은 아주 어려울 것으로 생각되었다.

음모와 배신

1960년대 초에 프린스턴 고등연구소 파티에서 시무라는 다시 장 피에르 세르를 만났다. 시무라에 따르면 세르는 꽤 거드름을 피우며 "나는 모듈라 곡선에 대한 당신의 연구 결과가 좋다고 생각하지 않는다. 왜 그것들이 임의의 타원함수에까지는 적용되지 않는가?"라고 했다. 이 질문에 답변하면서 시무라는 그의 추론을 정확하게 진술했다. "그러한 곡선은 항상 모듈라 곡선에 의하여 균일화될 수 있을 것이다." 세르는 곧바로 베유에게 갔는데, 베유는 파티에 참석하지는 않았으나 연구소의 구성원이어서 가까운 곳에 있었다. 세르는 베유에게 시무라와의 대화에 관하여 이야기했다. 이에 대한 반응으로 앙드레 베유는 시무라에게 갔다. "정말 그렇게 이야기했습니까?"라고 어리둥절해하며 시무라에게 물었다. "그렇습니다. 당신은 그것이 그럴 듯하다고 생각하지 않습니까?"라고 시무라가 대답했다. 이와 관련된 타니야마의 추론이 발표된 뒤 10년이 지났는데 앙드레 베유는 아직 이 두 추론을 믿지 않았다. 그는 "이 두 집합이 모두 가부번이기 때문에 그 추론에 반대할 이유가 없다. 그러나 가정을 지지할 이유 또한 없다"고 했다. 베유가 이때 이야기한 것을 나중에 예일 대학의 서지 랭은 "멍청하고" "어리석은" 말이라고 했다. 서지 랭은 이 논평을 총괄하여 '타니야마-시무라 파일'이라고 이름 붙인 20여 통의 편지 사본과 함께 전 세계 50명 가량의 수학자들에게 배포했다.

배유의 시무라에 대한 반응이 의미하는 것은 다음의 이야기와 다를 것이 없다. 방 안에 남자 7명과 여자 7명이 있다면 당신은 이 사람들이 7쌍의 부부인 것으로 추론할 것인데, 남자의 숫자와 여자의 숫자가 같기 때문에 나는 이에 반대할 이유가 없다. 그러나 또한 당신의 가정을 지지할 이유도 없다. 그들이 모두 독신일 수도 있기 때문이다. 랭이 그 진술을 멍청하다고 묘사한 이유는 숫자 세기의 논법이 간단히 적용될 수가 없기 때문이었는데, '가부번denumberable'이라는 것이 무한하지만 셀 수 있다는 것을(1, 2, 3, 4,… 과 같은 모든 자연수의 개수가 한 가지 예) 의미하며 그러한 무한집합을 짝짓는 것은 전혀 간단한 일이 아니라는 것이 이유였다. 어쨌든 앙드레 배유가 시무라의 이론이 확실히 옳다고 믿지 않았음은 분명하다. 그는 나중에 그 대화가 멍청하고 어리석었든 그렇지 않았든 간에 시인했고 인용하기도 했다. 그러나 이것은 1979년에 와서야 일어난 일이며 그는 다음과 같이 기록했다.

몇 년 뒤, 프린스턴에서 시무라는 나에게, Q에서의 모든 타원곡선이, 모듈라 군의 합동 부분군에 의하여 정의되는 곡선의 야코비안에 대응되는 것이, 그릴 듯해 보이는지를 물었다. 두 집합이 모두 가부번이기 때문에 반대할 이유를 찾을 수는 없으나, 또한 이 가정에 편들어서 이야기할 만한 어떤 것도 없다고 답변했던 것 같다.

그러나 이때 베유는 시무라의 추론에 해당하는 진술을 인용하면서 "시무라가 나에게 말했다"가 아니라 "시무라가 나에게 물었다(me demanda)"라고 적었다. 베유는 관련 논문을 몇 편 출판했으며, 시무라의 이론을 믿지 않았음에도 자신과 연관되게 만들었다. 그 오류는 수학자들이 논문에서 다른 사람들의 연구를 참고할 때마다 계속 이어졌고, 잘못된 인용은 오늘날까지도 존재하는데, 역사를 잘 모르는 저자들은 시무라-타니야마 추론 대신에 베유-타니야마 추론이라고 인용하고 있다. 베유는 그 추론을 믿지 않았지만, 수학자들 대부분이 먼 훗날에야 증명될 것으로 생각하고 있던 중요한 이론에 그의 이름이 연관되는 것을 즐겼던 것 같다.

수십 년이 지나면서 그 연관성이 존재한다는 단서가 점점 많아졌다. 만약 그 추론이 증명되면 아주 중요한 수학이론이 될 것이었다. 베유는 그 추론의 인접 분야에서 연구했고, 그가 얻은 수학적 연구 결과가 복소평면의 모듈라 형식과 디오판토스 방정식의 타원곡선 사이의 가능한 연관성에서 너무 멀어지지 않도록 유지했다. 그리고 진상을 알고 있는 것이 틀림없었지만 거의 20년 가까이 시무라와 그의 결정적인 역할에 대하여 인용하는 것을 주저했다. 상당한 시간이 흐른 후에야 일상적인 대화 도중 시무라에게 즉흥적인 찬사를 보냈고 내친걸음에 출판된 논문에서도 그의 업적을 거론했다. 한편, 프랑스에서는 세르가 그 추론과 관련된 지적 소유권의 잘못된 귀속에 능동적으로 기여했다. 그는 그 추론에 고로 시무라 이름 대신 앙드레 베유의 이름이 결부되도록 온갖 노력을 기울였다.

흥미 있는 독자를 위한 연습문제

1967년, 베유는 독일어로 쓴 논문에서 다음과 같이 말했다.

> 이것들은 Q에 대하여 정의된 모든 곡선 C에 대한 것인데, 어떻게 거동할 것인가가 현재로서는 확실하지 않으며, 흥미 있는 독자에게 연습문제로 추천될 수 있을 것이다.

이 단락은 유리수(수학자들은 Q로 표기한다)에서의 타원곡선에 대하여 언급하고 있으며, "sich so verhalten"은 여기서 모듈라하다는 것을 말하는데, 즉 시무라의 추론을 진술하고 있는 것이다. 그러나 여기서도 또다시 베유는 그 이론을 창시자에게 귀속시키지 않았다. 그는 12년 뒤에야 그랬는데 그때조차도 바로 전에 본 바와 같이 "시무라가 나에게 묻기를……"하는 식이었다. 위에 인용한 독일어로 된 논문에서 베유는 그 추론이 "확실하지 않다"고 했다. 거기서 그는 무언가 묘한 일을 했다. 그는 단순히 그 추론을 흥미 있는 독자들을 위한 연습문제로 남겨두었다 ("und mag dem interessierten Leser als Übungsaufgabe empfohlen werden"). 흥미 있는 독자를 위한 이 연습문제는 세계 최고 수준의 수학자 한 명이 7년을 칩거하며 증명을 시도하도록 했다. 수학자들이 숙제로 문제를 부과할 때(Übungsaufgabe), 그 사람은 증명 과정에 대하여 속속들이 알고 있고, 정리가 옳다는 것을, 그리고 베유가 묘사한바 "모호한" 것이 아니라는 것을 확실히 알고 있는 것이 보통이다.

어떤 개념을 거론하면서 "이것은 명백하다"고 학생에게 말했던 어떤 수학교수에 대한 유명한 이야기가 있다. 그것이 전혀 명백하지 않았기 때문에 학생들은 어리둥절했고, 결국 용감한 학생 하나가 손을 들고 "왜요?" 하며 물었다. 그러자 교수는 칠판의 한 모퉁이에서 한 손으로 그림도 그리고 글도 쓰기 시작했는데, 다른 한 손으로는 판서한 것을 가리며 지웠다. 10분 가량의 이러한 은밀한 끼적거림 후에 교수는 칠판을 완전히 지우고 나서 얼이 빠져 있는 학생들에게 선언했다. "물론, 그것은 명백하다."

거짓말

1970년대가 되자 도쿄-닛코 학회에서 제기된 타니야마의 문제가 널리 보급되었다. 한편 베유는 그가 믿지 않았던 그 추론에 관하여 논문을 쓴 적이 있었기 때문에 모듈라한 타원곡선은 '베유 곡선'으로 알려졌다. 타니야마의 문제들이 서양에 알려지면서 그러한 곡선들에 대한 추론을 '타니야마-베유 추론'으로 부르게 되었다. 시무라의 이름은 완전히 누락된 것이다. 그러나 타니야마의 이름이 들어 있기 때문에 베유는 추론을 싸잡아 비난하기 시작했다. 게르트 팔팅스가 그것을 증명하기 5년 전인 1979년에 베유는 디오판토스 방정식에 대한 이른바 '모델 추론'을 반대하는 발언을 했다. 계속해서 "이것이 성립한다면 좋을 것이고, 그래서 그것에 반대하기보다는 찬성하는 쪽에 내기를 설 것이다. 그러나 그것은 희망사항에 불과한데, 그것을 지지하는 증거라곤 눈곱만큼도 없고 그것과 반대되는 것 또한 아무것도 없기 때문이다'고 했다. 그러나 배유는 거기서도 오류를 저질렀다. 샤파레비치Shafarevich와 파르신Parshin을 포함한, 많은 러시아의 수학자들이 일찍이 1970년대 초에 모델 추론에 대한 증거를 제공하는 연구 결과를 이미 얻은 뒤였다. 물론 1984년에 게르트 팔팅스가 그 추론을 완벽하게 증명했고, 페르마의 마지막 정리가 '거의 항상 성립하도록' 만들었다.

앙드레 배유는 그 추론에 자기 이름만 붙어 있는 것이 아니라 많은 수학자들이 타니야마-배유 추론이라고 부르게 되었을 때 모든 추론에 반대하는 태도를 취하기 시작했는데, 파리에 있는 세르는 그 추론에서 시무라의 이름을 분리하려고 노력했다. 1986년, 캘리포니아 대학 버클리 캠퍼스의 파티에서 장 피에르 세르는 서지 랭에게, 앙드레 배유가 고로 시무라와 했던 대화에 대하여 자기에게 이야기한 적이 있다고 말했다. 세르에 의하면 배유가 한 말은 다음과 같다.

배유: 타니야마는 왜 모든 타원곡선이 모듈라하다고 생각했는가?
시무라: 당신이 그에게 그렇게 말했고, 당신은 잊어버렸다.

이 순간, 잘 몰라서 '배유 곡선'과 '타니야마-배유 추론'이라는 용어를 사용했던 랭은 의심하기 시작했다. 그는 진실을 밝히기로 결심했다. 랭은 곧 배유와 시무라 둘 다, 그리고 세르에게도 편지를 썼다. 시무라는 명확하게 그런 대화 자체를 부인했고 풍부한 증거를 제시했다. 그리고 세르는 답장에서 진실을 밝히려는 랭의 시도를 비판했다. 1995년 6월 부르바키 세미나에서 세르는 아직도 그 추론을 '타니야마-배유'의 것으로 거론하며 30년 전에 그의 추론을 세르에게 털어놓았던 창시자의 이름을 누락시키고 있었다. 배유는 랭이 접촉하려고 두 번 시도한 후에야 답장을 보냈다. 편지는 다음과 같다.

1986년 12월 3일

랭 귀하,

언제 어디서 당신이 처음 보낸 8월 9일자 편지를 받아 보았는지 기억이 나지 않습니다. 편지를 받았을 때는 훨씬 심각한 문제를 생각하고 있었기 때문입니다(물론 아직도 그렇습니다).

나는 타니야마와 시무라에게 돌아갈 공적을 깎아내리려 했다는 어떤 의견에도 분개하지 않을 수 없습니다. 당신이 그들을 존경한다는 것을 알게 되어 기쁘며 나 역시 그들을 존경합니다.

오래 전의 대화에 대한 이야기들은 오해의 여지가 있습니다. 당신은 '역사 로 간주하기로 한 것 같습니다만 그것은 역사가 아니라 기껏해야 일화일 뿐입니다. 당신이 제기할 만하다고 생각한 논란에 대해서는 시무라의 편지가 종지부를 찍을 것 같습니다.

개념이나 정리, 또는(?) 추론에 이름을 붙이는 것에 관하여 나는 종종 다음과 같이 이야기했습니다. (a) (예를 들어) 어떤 개념에 적절한 이름이 붙었을 때, 그 개념과 당사자가 직접 관련이 있다는 신호로 여겨져서는 안 된다. 적지 않은 경우에 정반대의 일도 일어난다. 피타고라스는 '그의' 정리와 아무런 관계가 없으며, 푹스 또한 푹스의 함수와는 아무 관계 없고, 게다가 오귀스트 콩트와 오귀스트-콩트 거리 사이의 관계도 마찬가지다. (b) 적절한 이름은 아주 적절하게 더욱 알맞은 것으로 대체되려는 경향이 있다. 르레-코쥘Leray-Koszul 수열은 이제 스펙트럼 수열이 되었다(그리고 지겔Siegel이 에르디시 Erdös에게 이야기했던 것처럼 abelian은 이제 소문자 a로 쓰인다).

당신이 즐겨 말했듯이 왜 나는 가끔 '멍청한' 말을 해서는 안 되는가? 그러나 사실 모델의 추론에 대하여 회의적으로 말했던 1979년에는 나는 '문외한'의 처지였는데, 당시 그 방향에서의 러시아 사람들(파르신 등)의 연구에 대하여 전혀 모르고 있었기 때문에 문외한이었다. 내가 사과할 것은, 사과할 만한 것이라면, 1972년에 샤파레비치와 오랜 대화를 나눈 적이 있는 것인데, 그는 아무것도 언급하지 않았다.

이만 안녕,

A. 베유

추신: 이 편지를 복사해도 좋다. 당신이나 당신 같은 사람들이 없다면 제록스 회사가 어떻게 유지될지 의문이다.

1984년 가을, 슈바르츠발트

누가 타니야마-시무라 추론을 만들었는가에 대한 논란이 버클리, 뉴헤이븐, 프린스턴에서 대서양을 건너 파리에까지 맹위를 떨치는 동안에 완전히 예기치 않았던 무언가가 독일 남서부의 슈바르츠발트('검은 숲의 산'이라는 뜻, 독일 서남부의 산맥 이름—옮긴이)에서 일어나고 있었다.

게르하르트 프라이Gerhard Frey는 튀빙겐을 졸업했고, 하이델베르크 대학에서 박사학위를 받았는데, 정수론을 연구했고 하세Hasse와 베유의 연구로부터 영향을 받았다. 프라이는 정수론과 최근 50년 동안에 발전한 대수기하학 사이의 상호작용에 매료되었다. 그는 또한 산술기하학에도 관심이 있었다. 예기치 않은 수학적 진술을 작성하게 된 것은 정수론과 대수 및 산술기하학이라는 새로운 분야 사이의 연관성 때문이었다. 1970년대에 프라이는 타원곡선과 디오판토스 방정식에 대하여 많은 일을 했는데, 1978년에는 하버드 대학의 배리 마주르가 쓴 〈모듈라 곡선과 아이젠슈타인 아이디얼〉이라는 논문을 읽었다. 프라이는 버클리의 켄 리벳과 프린스턴의 앤드류 와일스 같은 많은 정수론 학자들과 마찬가지로 그 논문의 영향을 강하게 받았다. 마주르의 논문을 읽고 나서 모듈라 곡선과 갈루아 나툼을 타원곡선의 이론에 적용하는 것을 심각하게 고려해야 한다고 확신했다. 이것이 거의 불가피하게 페르마 유형의 방정식과 밀접하게 연관된 디오판토스 문제로 이끈다는 것도 알게 되었다. 이것은 강력한 직관이었는데 프라이는 더욱 명확히 하려고 노력했다.

    1981년에, 게르하르트 프라이는 하버드 대학에서 몇 주 동안 배리 마주르와 많은 논의를 했다. 이 논의가 그가 생각하던 여러 개념들을 명확하게 해주었다. 페르마 방정식과 같은 부류의 것, 모듈라 형식과 타원함수 사이의 관계, 그리고 이 둘 사이의 어려운 연결을 둘러싼 짙은 안개가 천천히 걷히고 있었다. 프라이는 버클리로 가서 켄 리벳과 이야기했는데, 켄 리벳은 하버드를 졸업했고 관련 주제에 대하여 마주르와 함께 일했던 명석한 정수론 학자이다. 그리고 프라이는 조국 독일로 돌아갔다. 그 후 3년이 지나자 그는 슈바르츠발트의 오베르볼파흐 센터에서 강의하도록 초청받았다.

　오베르볼파흐는 수학학회 및 연구집회 센터로 설계되었으며, 도시와 인파로부터 멀리 떨어져서 아름답고 평화로운 분위기였다. 그 센터는 매년 수학의 여러 분야에 대한 국제적인 모임을 50회 정도 지원하고 있다. 그 모임은 강의는 물론이고 단순 참가조차도 초청에 의해서만 가능하다. 여러 나라에서 온 전문가들 사이에 쉽게 아이디어가 교환될 수 있도록 모든 노력이 기울여진다. 1984년에 게르하르트 프라이는 정수론 학회에서 강연을 했다. 수학 공식으로 가득 찬 복사물을 배포했는데, 그것은 시무라-타니야마 추론이 정말로 성립한다면 페르마의 마지막 정리가 증명될 것이라고 암시하는 것 같았다. 이것은 말도 안 되는 소리로 받아들여졌다. 켄 리벳은 프라이의 진술을 처음 접했을 때 농담이라고 생각했다. "타원곡선이 모듈라하다는 것이 페르마의 마지막 정리와 무슨 관계란 말인가?" 하고 자문했다. 그는 이 기묘한 주장에 대하여 더 이상 생각해 보지 않고 일상의 업무를 진행했다. 그러나 파리와 그 밖의 지역의 많은 사람들이 증명되지도 않았으며 어느 정도는 불완전한 프라이의 진술에 관심을 갖게 되었다. 장 피에르 세르는 J.F. 메스트르라는 수학자에게 편지를 썼다. 이 편지는 공개되어있는데, 그 결과가 메스트르에게 보낸 편지에 있는 추론을 그대로 옮겨놓은 세르의 논문이었다.

리벳의 정리

처음에 켄 리벳은 이 진술을 농담으로 생각했지만 세르의 추론에 대하여 생각하게 되고, 프라이의 '농담'에 대하여 생각해 볼 짬이 나자 자신이 이미 체계를 세워두었던 무언가가 그 안에 있음을 깨달았다. 게르하르트 프라이의 진술에 대한 일종의 명료화였는데, 증명된다면 다음의 관계가 정립되는 것이었다.

$$\text{시무라-타니야마 추론} \longrightarrow \text{페르마의 마지막 정리}$$

프라이의 아이디어 작동 방식은 천재적이었다. 프라이는 다음과 같이 논리를 전개했다. 페르마의 마지막 정리가 성립하지 않는다고 하자. 그러면 3 이상의 어떤 거듭제곱 n에 대하여 페르마 방정식 $x^n+y^n=z^n$에 x, y, z가 모두 정수인 풀이가 존재한다. 이 특수해 a, b, c는 특수한 타원곡선을 발생시킬 것이다. 이제 프라이는 페르마 방정식의 풀이에서 나오는 이 곡선에 대한 일반적인 방정식을 얻을 수 있다. 오베르볼파흐에서 제시한 그의 추론에 의하면 바로 이 곡선은(나중에 프라이 곡선이라 명명됨) 아주 괴상한 놈이라는 것이다. 너무 괴상해서 도대체 존재할 수 없다는 것이었

중요한 정리를 설명하는 켄 리벳

인터뷰하는 앤드류 와일스

하버드 대학의 배리 마주르
뛰어난 수학적 직관으로 페르마의 마지막 정리의 최종 증명에 기여한 모든 사람을 고무시켰던 수학자. 모두의 '할아버지'라 불렸다.

게르하르트 프라이
페르마의 마지막 정리에 대한 풀이에서 나오는 타원곡선은 도대체 존재할 수 없다는 '엉뚱한 아이디어'를 제공했다.

다. 가장 중요한 것은 페르마의 마지막 정리가 성립하지 않을 때 발생하는 그 타원곡선은 분명히 모듈라하지 않았다. 만약 시무라-타니야마 추론이 정말 옳다면 모든 타원곡선은 모듈라해야만 한다. 따라서 모듈라하지 않은 타원곡선은 존재할 수 없다. 이에 따라 프라이의 곡선, 즉 모듈라하지 않은 타원곡선은(모든 그 기묘한 다른 특성 말고라도) 존재하지 못할 것이다. 따라서 페르마의 방정식에 대한 풀이도 존재하지 않을 것이다. 페르마 방정식에 대한 풀이가 존재하지 않는다면 페르마의 마지막 정리는(3 이상의 임의의 정수 n에 대하여 페르마 방정식에 풀이가 없다고 진술하고 있다.) 증명되는 것이다. 이것은 복잡한 내포의 연속이었지만 수학적 증명의 논리를 훌륭하게 만족시키고 있었다.

그 논리는 다음과 같다. A는 B를 내포한다. 따라서 B가 성립하지 않으면 A 또한 성립할 수 없다. 그러나 프라이의 진술 자체가 추론이었다. 그 추론은 또 다른 추론(시무라-타니야마)이 옳다면 페르마의 마지막 정리가 확립될 것이라고 말하고 있었다. 세르가 메스트르에게 보낸 편지에 제시한 추가적인 추론은 켄 리벳이 프라이의 추론에 대하여 명료하게 생각하는 것을 가능하게 했다.

켄 리벳은 페르마의 마지막 정리에 관심을 가진 적이 없었다. 그는 처음에 브라운 대학에서 화학을 전공했다. 그 후 케니스 F. 아일랜드의 영향과 지도를 받으며 수학으로 방향을 돌려 제타 함수, 지수합, 정수론에 관심을 갖게 되었다. 그는 페르마의 마지막 정리를 "그것에 관하여 더 이상 실제적으로 중요한 어떤 것도 말할 것 없는 문제"라고 간단히 치부했다. 정수론 문제는 서로 고립되어 있었고 배후에 어떤 통일적인 구조나 기초를 이루는 일반적인 원리도 없었기 때문에 많은 수학자들의 관점 또한 그러했다. 그러나 페르마의 마지막 정리가 흥미 있는 것은 문명의 시작에서부터 우리 시대에까지 수학의 역사를 관통하고 있다는 것이다. 그 정리의 궁극적인 해결은 수학의 넓은 분야를 망라하는 것인데 정수론이 아닌 분야, 즉 대수학, 해석학, 기하학, 위상수학 등 실질적으로 수학의 모든 분야를 포함하게 되는 것이다.

리벳은 수학 박사과정을 밟으러 하버드 대학으로 갔다. 처음에는 간접적으로 그리고 박사학위를 목표로 해서는 더욱 직접적으로 위대한 정수론 학자이자 기하학자인 배리 마주르의 영향을 받게 되는데, 그의 통찰력은 페르마의 마지막 정리를 증명하려는 노력에 있어 아주 세세한 문제까지도 관련된 모든 수학자를 고무시켰다. 아이젠슈타인 아이디얼에 대한 마주르의 논문은 지난 세기에 에른스트 쿠머가 개발한 아이디얼 이론을 수학의 현대적인 분야, 즉 대수기하학, 그리고 기하학을 통한 정수론의 새로운 접근 등으로 추상화하는 역할을 했다.

켄 리벳은 나중에 캘리포니아 대학 버클리 캠퍼스의 수학교수가 되었고 정수론을 연구했다. 1985년에 페르마 방정식의 풀이가 존재한다면, 즉 페르마의 마지막 정리가 성립하지 않는다면 이 풀이는 아주 괴상한 곡선을 발생시킬 것이라는 프라이의 '엉뚱한' 개념에 접하게 되었다. 이 프라이 곡선은 모듈라할 수 없는 타원곡선과 연관되어 있는 것 같았다. 세르가 메스트르에게 보낸 편지에 담긴 것과 관련한 추론들이 그를 프라이의 추론을 증명하는 데 관심을 갖게 했다. 그가 정말로 페르마의 마지막 정리에 관심이 있었던 것은 아니었지만 관심을 끌고 있는 문제라는 것을 인식했고, 우연히도 잘 아는 분야였다.

1985년 8월 18일에서 24일 일주일 동안 리벳은 캘리포니아의 아카타에서 열린 산술대수기하학 학회에 참가했다. 그는 프라이의 진술에 대하여 심사숙고했으며 다음 해에도 그 작업은 계속되었다. 1986년 여름 버클리에서의 강의에서 해방되었을 때 리벳은 세계적으로 유명한 수학 센터인 막스 플랑크 연구소에서 연구하기 위하여 독일로 건너갔다. 연구소에 도착하자마자 커다란 진전을 보아 프라이의 추론을 거의 증명할 수 있게 되었다.

그러나 거기에서 그치지 않았다. 버클리로 돌아왔을 때 하버드에서 온 배리 마주르에게 달려갔다. "배리, 커피나 한잔 하러 갑시다." 캘리포니아 대학 캠퍼스 옆에 있는 카페에 가서 카푸치노를 홀짝거리면서 마주르에게 털어놓았다. "내가 한 일을 일반화하려는데 그렇게 되면 프라이 추론을 증명할 수 있을 것 같아요. 그런데 일반화하는 데 단 한 가지가 모자랍니다……" 마주르는 리벳이 보여주는 것을 바라보았다. "당신이 완성했군요, 켄." "당신이 해야 할 일은 N 구조의 여분의 감마 제로 몇을 더하면 되고, 계속하면 원하는 결과에 이르게 될 것이오!" 리벳은 마주르를 바라보았고, 카푸치노 잔으로 시선을 돌리다가 못 믿겠다는 듯이 마주르를 다시 쳐다보았다. "오 이럴 수가, 당신 말이 확실히 맞아요!" 그는 사무실로 돌아가서 증명을 완결지었다. "켄의 아이디어는 아주 훌륭해." 그 증명이 출판되어 수학계에 잘 알려진 뒤 켄 리벳의 천재적인 증명 과정을 묘사하면서 마주르는 외쳤다.

리벳은, 시무라-타니야마 추론이 옳다면 페르마의 마지막 정리가 입증될 것임을 확립하는 정리를 만들고 그것을 증명했다. 일 년 전까지만 해도 프라이의 제안을 농담이라고 생각했던 사람이 그 '농담'이 정말로 수학적인 실체임을 증명하게 되었다. 산술대수기하학의 현대적 기법을 이용하여 페르마의 문제를 공략할 수 있는 길이 활짝 열렸다. 이제 세계가 필요로 하는 것은 난공불락의 시무라-타니야마 추론을 증명할 누군가였다. 그러면 페르마의 마지막 정리는 자동적으로 성립하는 것이다.

한 아이의 꿈

바로 그것을 하려 했던 사람이 앤드류 와일스였다. 앤드류 와일스는 열 살 때 고향의 공공도서관에서 수학에 대한 어떤 책 한 권을 읽었다. 그 책에 페르마의 마지막 정리에 대한 내용이 나와 있었다. 정리는 묘사된 대로 간단해 보였고 어떤 아이라도 이해할 수 있을 것 같았다. 그 당시를 떠올리며 와일스는 이렇게 말했다.

"$x^3+y^3=z^3$을 만족하는 정수 x, y, z를 찾아내지 못할 것이라고 말하고 있었다. 아무리 노력해도 결코 그러한 숫자를 얻지 못할 것이다. 그 책은 똑같은 사실이 $x^4+y^4=z^4$, $x^5+y^5=z^5$ 등에 대해서도 성립한다고 하였다. 간단해 보였다. 그러나 300여 년 동안에 아무도 이 사실을 증명하지 못했다고 씌어 있었다. 나는 그것을 증명하고 싶었다……"

앤드류 와일스는 1970년대에 대학에 들어갔다. 학사학위를 받고 케임브리지 대학 수학과 대학원생이 되었다. 지도교수는 존 코티스John Coates였다. 와일스는 페르마의 마지막 정리를 증명하려던 어린 시절의 꿈을 포기해야 했다. 그 문제는 시간 낭비이고, 어느 대학원생도 그것을 감당할 수 없었다. 어떤 지도교수가 자기 학생이 3세기 이상 세계 최고의 천재들이 풀지 못한 문제를 연구하도록 허용하겠는가? 페르마의 마지막 정리는 1970년대에 어울리는 주제가 아니었다. 그 시절의 유행, 즉 정수론 연구에서 진짜 인기 있는 주제는 타원곡선이었다. 그래서 앤드류 와일스는 타원곡선, 그리고 이와사와 이론이라는 분야를 연구하는 데 시간을 보냈다. 박사학위 논문을 완성했고, 박사학위를 받은 후 프린스턴 대학 수학과에 자리를 얻어 미국으로 이주했다. 거기서 타원곡선과 이와사와 이론에 대한 연구를 계속했다.

옛날의 불꽃이 다시 타오르다

무더운 여름 저녁시간에 앤드류 와일스는 친구네 집에서 아이스 티를 마시고 있었다. 대화 도중에 갑자기 "켄 리벳이 입실론 추론을 막 증명했다는 소식을 들었나?" 입실론 추론이란 페르마의 마지막 정리와 시무라-타니야마 추론 사이의 관계에 대한 프라이의 추론을 세르가 수정한 것에 대하여 정수론 학자들이 비공식적으로 부르는 말이다. 와일스는 감전된 듯이 놀랐다. 그 순간 인생에 전환점이 나가왔다는 것을 알았다. 그가 페르마의 마지막 정리 증명에 대하여 가졌던 어린 시절의 꿈, 즉 더욱 승산 있는 연구를 수행하기 위하여 포기해야 했던 꿈에 대한 열의가 믿기 어려울 정도로 강렬하게 되살아났다. 그는 귀가하여 시무라-타니야마 추론을 어떻게 증명할 것인가를 생각하기 시작했다.

"아무도 어디서 시작할 것인가에 대해 엄두가 나지 않을 것이기에 몇 년 동안은 경쟁자가 없을 것으로 생각했다"고 나중에 털어놓았다. 완전 비밀을 유지하며 혼자 일하기로 결정했다. "구경꾼이 많으면 집중할 수 없는데, 일찍이 페르마라는 말만으로도 즉각 많은 관심을 불러일으키는 것을 본 적이 있었다"는 것이 이유였다. 물론, 소질과 능력이 있는 수학자들은 특히 프린스턴 같은 곳에는 많이 있으며 누군가가 자신보다 먼저 증명을 완결하게 될 위험은 항상 존재한다.

이유야 어쨌든, 와일스는 다락방에 틀어박혀 연구를 계속했다. 다른 모든 연구 프로젝트를 포기하고 시간을 완전히 페르마에 투자했다. 와일스는 대수학, 기하학, 해석학 그리고 수학의 여러 영역의 현대적인 수법을 '풀 가동' 할 작정이었다. 또한 같은 시대 사람과 선배들의 중요한 수학적인 연구결과를 이용하고 리벳의 교묘한 증명법과 연구결과와 배리 마주르의 이론, 시무라, 프라이, 세르, 앙드레 베유, 많고 많은 다른 수학자들의 아이디어도 모두 이용할 예정이었다.

게르하르트 프라이가 나중에 이야기했듯이 와일스의 위대성은 세상의 거의 모든 수학자들이 시무라-타니야마 추론이 20세기에는 증명될 수 없을 것이라고 믿고 있을 때 그 일에 확신을 갖고 있었다는 것이다.

앤드류 와일스가 알고 있기로 시무라-타니야마 추론을 증명하자면 모든 타원곡선이 모듈라하다는 것을 증명해야 했다. 그는 모든 타원곡선의 풀이가 도넛 위에 있는데, 사실은 변장을 하고 있는 모듈라 형식이라는 것을 보여야 했다. 어떤 의미에서 모듈라 형식이라 불리는 그 도넛은 복소평면에서 난해하게 대칭적인 함수의 공간이기도 했다. 어느 누구도 아주 달라보이는 이 두 가지 사이에 이다지도 기묘한 관계가 존재한다는 것을 어떻게 보여야 할지 전혀 알 수 없었다.

와일스가 최선의 방법이라고 생각한 것은 타원곡선의 숫자를 세어보고, 모듈라한 타원곡선의 숫자를 세어보고 나서 그 '숫자'가 같다는 것을 보이는 것이었다. 이 작업은 타원곡선과 모듈라한 타원곡선이 동일하고, 따라서 모든 타원곡선이 사실 모듈라하기 때문에 시무라-타니야마 추론이 주장한 바와 같다는 것을 증명하는 것이었다.

와일스는 두 가지를 알아냈다. 하나는 시무라-타니야마 추론 전체를 증명할 필요는 없고, 특별한 경우, 즉 계수가 유리수인 준안정 타원곡선에 대해서만 증명하면 된다는 것이었다. 그 추론이 이 작은 부류의 타원곡선에 대하여 성립한다는 것만 증명해도 페르마의 마지막 정리를 확립하는 데는 충분했다. 다른 사실은, 그가 무한집합을 취급하기 때문에 이 경우에는 '숫자 세기'가 통하지 않는다는 것이었다. 준안정 타원곡선의 집합은 무한했다. 어떤 유리수 a/b라도 (여기서 a와 b는 정수인데) 별개의 타원곡선을 제공할 것이다(유리수에 대한 타원곡선이라고 말한 바 있다). a와 b가 각각 1, 2, 3, 4, … 로 계속되어 무한대까지 가는 무한히 많은 숫자 가운데 하나이기 때문에 유리수 a/b의 개수는 무한하며, 무한히 많은 타원 곡선이 존재한다. 따라서 우리가 알고 있는 방식에 의한 개수 세기는 통하지 않는다.

대규모의 문제를 작은 문제로 분할

와일스는 규모가 작은 문제를 하나씩 연구할 수 있을 것으로 생각했다. 아마 타원함수의 집합을 자세히 살펴보고 무엇을 할 수 있는가를 조사해 보았을 것이다. 이것은 좋은 접근방법이었는데, 일거리를 조각내어 한 걸음 한 걸음 각각의 집합을 분석해 볼 수 있을 것이기 때문이었다. 무엇보다도 어떤 타원곡선은 모듈라하다는 것이 이미 알려져 있었다. 이것들은 많은 정수론 학자들이 발견한 아주 중요한 결과였다. 그러나 앤드류 와일스는 무한집합을 취급하고 있었기 때문에 타원곡선만을 살펴보고 모듈라 형식과 대조하면서 세어보는 것은 좋은 접근방법이 아닐 수도 있음을 알았다. 사실 회의적인 앙드레 배유보다 문제의 해결에 가까워진 것도 아니었는데, 배유는 다음과 같이 말한 바 있었다. "두 집합이 각각 가부번(무한하지만 정수와 유리수와 같은 서열의 무한대이며, 무리수나 연속체와 같은 더 높은 서열의 무한대는 아님)이기 때문에 그 추론에 반대할 이유는 없으나 지지할 이유 또한 없다……" 성과 없이 2년을 보낸 뒤에 와일스는 새롭게 접근했다. 타원곡선을 갈루아 나툼으로 변환시키고 나서 모듈라 형식과 대조하면서 이 갈루아 나툼을 세어보면 어떨까 생각했다.

비록 독창적이지는 않았지만 아이디어는 훌륭한 것이었다. 또한 그 배경 원리가 흥미롭다. 정수론 학자들은 페르마 방정식과 같은 방정식의 풀이를 구하는 데 관심이 있다. 숫자의 체에 대한 수학적 이론은 이 문제를 체 확장이라는 상황에 놓이게 한다. 체라는 것은 덩치가 크고 무한한 집단이라서 분석하기가 힘들다. 그래서 정수론 학자들이 종종 하는 일은 에바리스트 갈루아의 이론, 즉 갈루아 이론을 이용하여 복잡한 체로부터 군으로 변환시키는 것이나. 종종 군은 유한한(부한하지 않고) 집합의 원소에 의하여 생성된다. 따라서 갈루아 이론을 이용하면 정수론 학자들이 무한한 집단으로부터 유한한 집합으로 옮겨갈 수 있다. 원소의 유한한 집합은 무한집합보다 취급하기가 훨씬 쉽기 때문에 문제를 이렇게 변환하는 것은 커다란 진전으로 볼 수 있는데, 보통의 개수 세기는 유한한 숫자의 원소에 대해서만 의미가 있기 때문이다. 그 접근법은 타원곡선의 몇 가지 집합에 대해서 잘 될 것 같았다. 이것은 좋은 돌파구였다. 그러나 한 해가 또 지나자 와일스는 다시 난관에 봉착했다.

플라흐의 논문

앤드류 와일스가 시도하던 것은 (준안정) 타원곡선에 대응되는 갈루아 나툼의 집합을 모듈라 형식과 대조하면서 세어보고 개수가 같다는 것을 보이는 것이었다. 그는 박사학위 논문에 썼던 수평 이와사와 이론이라는 전문분야를 이용했다. 와일스는 이 이론을 이용하여 유수공식Class Number Formula을 구하려 했는데 이 결과는 '개수 세기'에 필요한 것이었다. 그러나 벽에 부딪혔다. 그가 할 수 있는 어떤 것도 정답에 근접하지 못했다.

1991년 여름, 와일스는 보스턴에서 열린 학회에서 박사학위 지도교수였던 케임브리지의 존 코티스를 만났다. 코티스 교수는 와일스에게 그의 학생인 매시아스 플라흐Matthias Flach가 콜리바긴이라는 러시아 수학자의 연구 결과를 이용하여 유수공식을 증명하려고 오일러 체계(레온하르트 오일러의 이름을 따서 명명했음)를 고안했다고 했다. 이것은 바로 와일스가 시무라-타니야마 추론을 증명하는 데 필요했던 것인데, 사실은 플라흐의 부분적인 결과를 완전한 유수공식으로 확장할 필요가 있었다. 와일스는 플라흐가 했다는 연구결과를 듣고서 고무되었다. "이것은 안성맞춤이었다"고 했는데, 마치 매시아스 플라흐가 와일스를 위하여 그 일을 한 것만 같았다.

와일스는 곧 수평 이와사와 이론 연구를 완전히 포기하고 밤낮으로 콜리바긴과 플라흐의 결과에 몰두했다. 만약 그들의 '오일러 체계'가 정말로 작동한다면 와일스는 유수 공식을 얻을 것이고 시무라-타니야마 추론이 준안정 타원곡선에 대하여 증명될 것인데, 이것만으로도 페르마의 마지막 정리를 증명하는 데에는 충분했다.

이것은 힘든 작업이었고 와일스가 잘 알던 이와사와 이론 밖의 일이었다. 토론 상대가 필요했다. 미지의 영역으로 항해하는 것을 점검해 줄 수 있으며 다른 사람에게 기밀을 누실하지 않을 누군가가 필요했다.

좋은 친구

마침내 결단을 내려야 했다. 오랫동안 해왔던 것처럼 계속해서 비밀에 부칠 것이냐, 더 이상 버티지 말고 정수론을 잘 아는 누군가에게 이야기해야 할 것인가? 결국 비밀을 영원히 유지해서는 잘 될 것 같지 않다는 결론에 도달했다. 와일스 자신이 말했듯이 어떤 사람이 하나의 문제를 일생 동안 연구하고도 아무런 결과가 없을 수도 있었다. 연구 노트를 다른 사람과 검토해야 할 필요성이 마침내 모든 것을 비밀에 부쳐야 한다는 강한 요구를 넘어섰다. 문제는 '누구냐?'였다. 비밀을 지킬, 믿을 만한 사람은 누구인가?

1993년 1월, 6년 동안 혼자 연구한 끝에 와일스는 접촉을 시도했다. 닉 카츠Nick Katz 교수를 불렀다. 프린스턴 대학 수학과 동료이던 카츠는 유수공식을 증명하는 데 이용할 여러 이론의 전문가였다. 더욱 중요한 것은 카츠는 완전히 믿을 만하다는 것이었다. 그는 앤드류 와일스가 지금까지 한 일을 결코 누설하지 않을 것이었다. 와일스의 이러한 평가는 옳은 것으로 판명되었다. 닉 카츠는 와일스와 함께 일하면서 프로젝트가 끝날 때까지 몇 개월 동안 완벽하게 입을 다물었다. 프린스턴의 꽉 짜인 수학 공동체 동료들은 어떤 낌새도 알아채지 못했는데, 둘이 구내식당의 구석에서 커피를 마시며 몇 시간씩이나 토론하는 것을 여러 주 동안 보고서도 그랬다.

그러나 여전히 앤드류 와일스는 누군가가 눈치채지 않을까 걱정하였다. 위험을 무릅쓸 수는 없었다. 그래서 닉 카츠와 '무언가'에 대하여 아주 집중적으로 연구한다는 것을 숨길 장치를 고안했다. 와일스는 1993년 봄학기에 새로운 강좌를 수학과 대학원에 개설하여 닉 카츠를 수강생으로 받아들임으로써 다른 사람들의 의심 없이 함께 연구할 수 있게 되었다. 적어도 와일스가 말한 바에 따르면 그랬다. 대학원 학생들은 강의의 배후에 페르마의 마지막 정리로 가는 길이 숨어 있다는 것을 눈치채지는 못할 것이고, 와일스는 혹시 있을지도 모르는 결함을 학생들의 두뇌와 좋은 친구 카츠의 도움으로 해결할 수 있을 것이었다.

강좌 개설이 공고되었다. '타원곡선과 관련된 계산'이라는 강좌 개설 공고가 있었는데 너무나 평범해서 아무도 의심할 수 없었다. 강의를 시작하면서 와일스 교수는 강의의 목적이 유수공식에 대한 매시아스 플라흐의 최근 연구결과를 공부하는 것이라고 했다. 페르마에 대해서는 언급이 없었고, 시무라나 타니야마에 대해서도 언급이 없었기 때문에 그들이 공부할 유수공식이 페르마의 마지막 정리를 증명하는데 요점이 된다는 것을 아무도 알아챌 수 없었다. 아무도 강의의 진정한 목적이 대학원생들에게 수학을 가르치는 것이 아니고, 와일스와 카츠가 동료들의 의심을 받지 않고 함께 연구하며 동시에 수상히 여기지 않는 대학원생들이 연구결과를 점검하게 하는 것이라고는 생각조차 할 수 없었다.

몇 주 만에 대학원생들이 모두 빠져나갔다. 방향이 정해지지 않은 강의를 따라갈 수 없었다. 무언가를 알고 강의에 참석했던 것으로 보이는 유일한 '학생'은 다른 수학 교수뿐이었다. 그래서 닉 카츠는 유일한 수강생이 되었다. 그러나 와일스는 그 '학급'을 이용하여 유수공식에 대한 증명을 칠판에 써 나갔고, 닉 카츠가 각 단계를 확인하며 수업시간마다 다음 단계로 계속 진행했다.

그 강의에서 아무런 오류도 발견되지 않았다. 유수공식은 성립하는 것 같았고, 와일스는 페르마 문제 해결을 향한 본궤도에 진입했다. 1993년 늦은 봄 강의가 끝나갈 때는 거의 완성 단계에 들어갔다. 그는 마지막 장애물과 씨름했다. 타원곡선 대부분이 모듈라하다는 것을 증명할 수 있었으나 일부는 증명되지 않은 채 남아 있었다. 그러나 이 어려움은 극복할 수 있을 것이라고 낙관적으로 생각했다. 와일스는 마지막 난관에 대한 직관을 더 얻기 위해 또 다른 한 사람에게 이야기할 때가 되었다고 느꼈다. 그래서 프린스턴 대학 수학과 동료인 피터 사르낙Peter Sarnak에게 비밀을 털어놓았다. "내 생각에 페르마의 마지막 정리를 거의 다 증명한 것 같아."

"믿을 수 없었다"고 사르낙은 회상했다. "어리둥절했고, 들떴으며, 마음이 산란했다. 내가 말하는 것은…… 기억하기로 그날 밤은 잠을 이루기 어려웠다." 이제 두 동료는 와일스가 증명을 마무리하는 것을 도와주게 되었다. 아무도 그들이 하는 것이 무엇인지 알지는 못했지만, 무언가를 눈치챘다. 사르낙은 아무것도 알아내지 못하도록 비밀을 유지하기는 했지만 '약간의 힌트'는 흘린 것 같다고 나중에 시인했다.

마지막 퍼즐 조각

1993년 5월, 앤드류 와일스는 책상 앞에 앉아 있었다. 좌절감을 느꼈다. 몇몇 타원곡선이 그에게서 벗어나 더는 가까워지지 않는 것 같았다. 그것들이 모듈라하다는 것을 증명하지 못하고 있었다. 그런데 모든 (준안정) 타원곡선이 모듈라하다는 것을 증명해야 페르마의 마지막 정리가 해결되기 때문에 그것들도 필요했다. 준안정 타원곡선의 대부분에 대하여 모듈라하다는 것을 보인 자체로도 훌륭한 수학적인 업적이었지만 목표에는 미치지 못하는 것이었다. 그는 아무런 결과도 나오지 않는 탐구로부터 좀 쉬려고 위대한 대가인 하버드 대학의 배리 마주르가 쓴 오래 된 논문을 집어들었다. 마주르는 정수론에서 여러 개척적인 발견을 한 바 있는데, 그 연구 결과들은 리벳이나 프라이 같은 많은 전문가를 고무시켰고, 그들의 연구에 의하여 와일스의 시도가 가능하게 되었다. 와일스가 지금 다시 읽는 마주르의 논문은 아이디얼 이론의 확장에 대한 것인데, 쿠머와 데데킨트가 시작했고 19세기의 수학자인 고트홀트 아이젠슈타인(Gotthold Eisenstein, 1823~1852)에게 계승되었다. 비록 젊어서 사망했지만 아이젠슈타인은 정수론에 커다란 족적을 남겼다. 가우스조차 "아르키메데스, 뉴턴, 아이젠슈타인은 획기적인 수학자이다"라고 했다.

아이젠슈타인 아이디얼에 대한 마주르의 논문에는 와일스의 주의를 끄는 내용이 한 줄 있었다. 마주르는 한 세트의 타원곡선을 다른 것으로 교체하는 것이 가능하다고 했다. 교체는 소수 사이에 행해져야 했다. 마주르가 말하는 것은, 어떤 사람이 3이라는 소수를 바탕으로 하는 타원곡선을 취급한다면, 3 대신 5라는 소수를 사용하여 연구할 수 있도록 변환하는 것이 가능하다는 것이었다. 이 3대 5 교체는 바로 와일스가 필요로 하던 것이었다. 그는 3이라는 소수에 기초한 타원곡선이 모듈라하다는 것을 증명할 수 없어서 난관에 봉착했다. 그런데 마주르는 5라는 소수에 바탕을 둔 곡선으로 교체할 수 있다고 말하고 있었다. 그러나 5에 바탕을 둔 이 곡선은 와일스가 이미 모듈라하다고 증명해 놓은 것이었다. 그래서 3 대 5 교체는 결정적인 비결이었다. 그것은 3에 바탕을 둔 어려운 타원곡선을 떠맡아서 5에 바탕을 둔 것으로 변환시키는데 이미 모듈라하다고 알려져 있었다. 다시 한 번 다른 수학자들의 훌륭한 아이디어는 와일스가 해결할 수 없을 것으로 보였던 장애물을 극복하도록 도와주었다. 앤드루 와일스는 결국 해낸 것이었다.

    타이밍 또한 완벽했다. 다음 달인 6월에 지도교수였던 존 코티스가 정수론에 대한 학회를 주관할 예정이었다. 그 학회에는 정수론 거물들이 참가한다. 와일스는 케임브리지가 고향이고 거기서 대학원을 다녔다. 케임브리지에서 페르마의 마지막 정리에 대한 증명을 발표한다면 그야말로 완벽하지 않겠는가? 와일스는 시간과 싸웠다. 시무라-타니야마 추론이 준안정 타원곡선에 대하여 성립한다는 증명 전체를 주워 모아야 했다. 이것은 프라이의 곡선이 존재할 수 없다는 것을 의미했다. 프라이의 곡선이 존재할 수 없다면 $n>2$에 대하여 페르마 방정식에 대한 풀이가 존재할 수 없고 따라서 페르마의 마지막 정리가 증명됨을 의미했다. 다 써놓고 나니 증명은 200쪽이나 되었다. 영국행 비행기를 타야 할 시간에 임박해서야 가까스로 끝낼 수 있었다. 그곳에서 마지막 강의가 끝났을 때, 모든 사람들의 박수갈채, 플래시를 터뜨리는 카메라, 기자들을 향하여 의기양양한 태도로 걸어갔다.

여파

이제 논문을 자세히 점검해 볼 때가 되었다. 보통 수학적인 연구결과나 학술적 발견은 확인 절차가 대개 비슷해서 '전문적인 학술지'에 투고된다. 그러한 심사에 통과한 논문만 실어주는 학술지는 학자들이 논문을 발표하는 표준적인 수단으로 정착되었다. 학술지 담당자는 제출된 논문을 해당 분야의 전문가에게 보내서 논문의 내용이 옳은가, 출판할 가치가 있는가를 결정한다. 학술지의 심사를 거쳐 논문을 발표하는 것은 학계에서 다반사이다. 정년 보장과 승진, 봉급 수준 및 인상폭 모두 연구자가 전문적인 학술지에 발표한 논문 실적에 의존한다.

앤드류 와일스는 다른 접근을 택했다. 전문 수학 학술지에 투고하는 대신에—다른 사람들은 대부분 그렇게 한다—학회에서 발표했다. 까닭은 아마도 두 가지였을 것이다. 몇 년 동안 증명과 관련된 작업을 하면서 비밀유지에 강박관념이 있었다. 증명을 학술지에 투고한다면 학술지가 선택한 많은 심사자들에게 보내질 것이고, 그들 중 하나 또는 편집자들이 무언가 세상에 이야기할 수도 있었다. 또한 제출된 증명을 읽은 누군가가 그것을 훔쳐서 자신의 이름으로 투고하지 않을까 걱정했던 것 같다. 불행하게도 이런 일이 학계에서 가끔 일어나기도 한다. 또 다른 이유는 와일스는 케임브리지에서 증명을 발표하는 동안에 지속적으로 긴장이 고조되기를 원했던 것이다.

그런 경우에도 연구 결과가 학회에서 발표된 후에 심사를 거쳐야 한다. 아직은 각 단계들이 자세히 점검되어야 했다. 즉 정수론의 전문가들이 와일스의 증명을 한 줄 한 줄 자세히 살펴보아서 그가 증명했다고 주장하는 것이 정말로 입증되었음을 확인해야만 했다.

심연이 현실화되다

와일스의 200쪽짜리 논문은 정수론의 대표적인 전문가 여럿에게 보내졌다. 그들 중 몇은 다소 걱정하기도 했으나 일반적으로 수학자들은 증명이 정확할 것이라고 생각했다. 그러나 그들은 기다렸다가 전문가의 판결을 들을 참이었다. 켄 리벳에게 와일스의 증명을 믿었는가에 대하여 물었을 때, "물론이지요" 하며, "나는 증명을 읽은 후 어느 누구도 곧바로 '여기 오일러 체계가 존재하지 않는다' 는 등으로 말하는 것을 보지 못했다"고 했다.

와일스의 증명을 살펴보기 위해 선택된 전문가 중에는 프린스턴 동료 닉 카츠도 있었다. 카츠 교수는 1993년 7, 8월 두 달 동안 다른 일은 아무것도 못하고 증명의 점검에 전력을 다했다. 책상에 앉아 천천히 한줄 한줄 읽어나가면서 모든 수학기호, 모든 논리적 함축 등을 점검하여 의미가 완벽한지 그 증명을 읽을 어떤 수학자에게도 정말로 받아들여질 만한 것인지를 확인했다. 카츠는 하루에 한두 번씩 앤드류 와일스에게 이메일을 보냈는데, 와일스는 그해 여름 프린스턴을 떠나 있었으며, 내용은 "이 쪽의 이 줄이 의미하는 바는 무엇인가?", "위의 내용에서 어떻게 이런 결과가 나오게 되는지 모르겠다"와 같은 것들이었다. 와일스는 이메일로 답장했는데 자세한 내용이 필요한 경우에는 팩스로 보내기도 했다.

어느 날, 카츠가 와일스의 지루한 여정 가운데 3분의 2 가량에 도달했을 때 문제점을 하나 발견했다. 이러한 많은 문제에 대하여 와일스가 지금까지는 카츠가 완전히 만족하도록 잘 답변했기 때문에 처음에는 별일이 아닌 것처럼 보였다. 그러나 이번에는 아니었다. 카츠의 질문에 대하여 와일스는 이메일로 답장했다. "나는 아직도 그것을 이해할 수 없어, 앤드류." 그래서 이번에는 와일스가 논리 전개 과정을 팩스로 보냈다. 이번에도 카츠는 만족할 수 없었다. 무언가 잘못되었다. 이것은 봄에 와일스가 그의 '과목'을 강의할 때 와일스와 카츠가 주의깊게 점검하고 넘어간 논의임이 분명했다. 어떤 난점도 이미 정리되어 있어야 했다. 그러나 분명히 와일스의 논리에 허점이 있었고 그들 모두의 시야에서 벗어나 있었다. 대학원생들이 계속 남아 있었더라면 문제점을 경고했을 수도 있었다.

카츠가 오류를 발견했을 무렵 세계의 다른 수학자들도 와일스의 증명에 대하여 똑같은 문제점을 인식했다. 오일러 체계라는 것은 존재하지 않는 것이었고 아무것도 되는 게 없었다. 그리고 플라흐와 콜리바긴의 연구 결과에 대한 일반화로 생각되는 오일러 체계가 없으면 유수공식이 없게 된다. 유수공식이 없으면 타원곡선의 갈루아 나툼을 모듈라 형식과 대조하면서 '세어보는' 것이 불가능하고, 시무라-타니야마 추론은 확립되지 않는다. 시무라-타니야마 추론이 옳다는 것이 증명되지 않으면 페르마의 마지막 정리에 대한 증명은 없는 것이었다. 간단히 말해서 오일러 체계에서의 허점은 마치 카드로 세워놓은 집이 무너지듯 보는 것을 붕괴시키고 있었다.

고뇌

앤드류 와일스는 1993년 가을에 프린스턴으로 돌아왔다. 무안해했고, 비위가 상했으며, 화가 났고, 좌절감을 느꼈으며, 굴욕감을 느꼈다. 그는 세상 사람들에게 페르마의 마지막 정리에 대한 증명을 약속했지만 약속을 지킬 수 없었다. 대부분의 다른 분야와 마찬가지로 수학에서는 '2등상'이나 '참가상'이란 없다. 기가 꺾인 와일스는 증명을 보완하려고 다락방으로 복귀했다.

"이러한 점 때문에 세상으로부터 비밀을 지키려 했던 것 같고 그가 꽤 불편해했을 것이라고 생각한다"고 닉 카츠는 회상했다. 동료들이 와일스를 도우려했는데, 그 가운데에는 케임브리지에서 교편을 잡고 있었지만 증명을 보완하는 것을 돕기 위해 프린스턴으로 합류했던 와일스의 옛 제자 리처드 테일러도 있었다.

"처음 7년 간은 완전히 혼자 일하면서 모든 순간을 즐겼다"고 와일스는 회상했다. "내가 직면한 문제가 아무리 어렵고 불가능해 보이더라도 그랬다. 그러나 이렇게 과도하게 노출된 방식으로 수학을 연구하는 것은 확실히 내 스타일이 아니었다. 결코 이러한 경험을 반복하고 싶지 않다." 그러나 그 좋지 않은 경험은 지속되었다. 리처드 테일러는 휴가가 끝나

케임브리지로 돌아갔고 와일스에게는 끝이 보이지 않았다. 동료들은 기대와 희망과 동정이 뒤섞인 시선으로 바라보았고, 그가 고난을 겪고 있다는 것은 주변 사람들이 보기에도 명백했다. 와일스의 동료들은 좋은 소식을 듣기를 바랐으나 그 누구도 어떻게 되어가는지 감히 물어보지 못했다. 바깥 세상 사람들 또한 궁금해했다. 1993년 12월 4일 밤 앤드류 와일스는 이메일 메시지를 많은 정수론 학자들과 다른 수학자들이 속한 컴퓨터 뉴스 그룹 Sci.math에 올렸다.

타니야마-시무라 추론과 페르마의 마지막 정리에 대한 연구의 상태에 관한 전망에 대하여 현 상황을 간단히 보고하려 한다. 심사 과정에서 많은 문제점들이 제기되었으나 대부분은 해소되었다. 그러나 특히 내가 아직 해결하지 못한 것이 하나 있는데……, 케임브리지 강의에서 설명된 아이디어를 이용하여 가까운 장래에 끝낼 수 있을 것으로 믿는다. 원고 정리를 마치기까지는 많은 일이 남아 있어 프리프린트 배포는 적당치 않은 상황이다. 2월에 시작되는 프린스턴 강의에서 이 연구에 대하여 충분한 설명을 할 것이다.

앤드류 와일스

사후 검토

앤드류 와일스의 낙관은 성급했다. 그가 프린스턴에서 개설하기로 계획한 어떤 강좌도 해결책을 제시하지 못했다. 케임브리지에서의 짧은 승리 이래로 일 년 이상이 지났을 때 앤드류 와일스는 모든 희망을 포기하고, 만신창이가 되어버린 그 증명을 잊어버릴 참이었다.

1994년 9월 19일 월요일 아침, 와일스는 프린스턴 대학 연구실에서 온통 논문 더미로 뒤덮인 책상 앞에 앉아 있었다. 완전히 단념하고 페르마의 마지막 정리를 증명하는 모든 희망을 포기하기 전에 마지막으로 한 번 증명과정을 살펴보기로 했다. 오일러 체계의 구성을 방해하는 것이 정확히 무엇인지 알고 싶었다. 자신만의 만족을 위해서이긴 하지만 왜 실패했는지 알고 싶었다. 왜 오일러 체계가 존재하지 않는가? 어떤 기술적인 문제가 전체적인 구조를 작동하지 못하게 했는지 정확히 집어내고 싶었다. 포기하더라도 적어도 왜 잘못되었는지에 대한 답을 알아낼 의무가 아직 남아 있었다.

와일스는 20여 분 가량 아주 집중해서 논문을 살펴보았다. 그 결과 왜 그 체계를 작동시킬 수 없었는지 이유를 확실히 알게 되었다. 결국 무엇이 잘못이었는지 이해하게 되었다. "나의 연구 생활 전체를 통하여 가장 중요한 순간이었다"고 나중에 그 느낌을 묘사했다. "갑자기, 완전히 예상 밖으로, 믿을 수 없는 새로운 사실을 알게 되었다. 내가 다시 겪게 될 어떤 것도 그렇지 않을 것이다……." 그 순간 눈물이 솟아 나왔고 감정이 북받쳤다. 결정적인 순간에 알아낸 것은 "묘사할 수 없을 만큼 너무 아름다웠으며, 너무 간단했고 너무 우아했고…… 그래서 못 믿겠다는 듯이 그저 쳐다보고 있었다." 와일스는 오일러 체계를 망친 바로 그것이 3년 전에 포기했던 수평 이와사와 이론을 통한 접근방법을 작동시킬 것이라는 것을 알아냈다. 와일스는 오랜 시간 논문을 바라보았다. 그는 꿈을 꾸고 있는 것은 아닌지 의심했는데 그것은 너무 좋아서 사실이 아닌 것 같았다. 한편 그것은 정말로 좋아서 거짓일 수도 없었다. 그 발견은 아주 강력하고 아주 아름다웠기 때문에 사실일 수밖에 없었다.

　와일스는 몇 시간 동안 주변을 산책했다. 깨어 있는지 꿈을 꾸고 있는지 알 수 없었다. 이따금 책상으로 돌아가서 환상적인 발견이 아직도 있는지 살펴보았다. 그는 산책에서 돌아와 하룻밤 자며 생각해야만 했다. 아침이 되었을 때 다시 이 새로운 논법에서 어떤 오류가 발견될지도 모르는 일이었다. 일 년 동안 전 세계에서 가한 압력, 그 때마다 확신은 뒤흔들렸다. 그는 아침에 책상으로 돌아왔고, 전날 발견했던 그 놀라운 보석이 아직도 기다리고 있는 것에 안도했다.

와일스는 수정된 수평 이와사와 이론 접근법을 이용하여 증명을 완결했다. 결국, 모든 것이 완벽하게 제자리를 잡았다. 3년 전에 사용했던 접근법은 옳은 것이었다. 도중에 선택했던 플라흐-콜리바긴 루트에서 실패함으로써 이런 사실을 알게 되었다. 원고는 발송될 준비가 끝났다. "며칠 안에 도착할 연방 속달 소포를 기대하시라"고, 인터넷을 통하여 전 세계 수십명의 수학자들에게 이메일을 보냈다.

와일스는 테일러가 떠난 뒤에 이와사와 이론을 수정한 새로운 논문에 대한 최종적인 결론을 얻었지만, 증명 수정을 도와주려고 특별히 영국에서 온 친구 리처드 테일러에게 약속한 대로 두 사람의 공동연구로 발표되었다. 몇 주 안에 와일스의 케임브리지 논문에 대한 수정본을 받아본 수학자들은 모든 세부사항을 자세히 검토했다. 잘못을 발견할 수 없었다. 와일스는 이제 수학의 연구 결과를 발표하는 데 통상적인 접근법을 사용했다. 일 년 반 전에 케임브리지에서 했던 식으로 하는 대신에 논문을 전문 학술지인 《수학연보 Annals of Mathematics》에 보냈고, 거기서 다른 수학자들이 자세히 심사하는 과정을 밟았다. 심사 과정은 몇 달 걸렸으나 어떤 오류도 발견되지 않았다. 그 학술지의 1995년 5월호는 와일스의 최초 케임브리지 논문과 테일러와 와일스에 의한 보완논문을 실었다. 페르마의 마지막 정리는 마침내 안식을 취하게 되었다.

페르마는 그 증명을 알고 있었는가?

앤드류 와일스는 그의 증명을 "20세기 증명"이라고 묘사했다. 사실, 와일스는 많은 20세기 수학자들의 연구 결과를 이용했다. 또한 예전의 수학자들의 연구 결과도 이용했다. 와일스가 이룩한 증명과정을 구성하는 무수한 요소들은 모두 여러 사람의 연구결과에서 비롯되었다. 그래서 페르마의 마지막 정리의 증명은 사실 20세기에 살고 있는 많은 수학자, 페르마 자신의 시대까지 거슬러 올라가는 모든 예전의 수학자들의 업적인 것이다. 와일스에 따르면 페르마가 여백에 유명한 기록을 남길 때 증명을 마음에 품고 있을 수는 없었던 것 같다. 그렇게 생각하는 이유는 시무라-타니야마 추론이 20세기가 될 때까지는 존재하지 않았기 때문이다. 그러나 페르마가 다른 증명 방법을 알고 있었을 가능성은 어떠한가?

그 답은 부정적이다. 그러나 확실한 것은 아니다. 한편 페르마는 여백에 정리를 써놓고 28년을 더 살았지만 그것에 대하여 더 이상 말하지 않았다. 아마 그 정리를 증명할 수 없다는 것을 알았을지도 모른다. 아니면 간단한 경우인 $n=3$을 증명하는 데 사용된 무한강하법이 일반적인 경우에도 적용될 수 있을 것으로 잘못 생각했을 수도 있다. 아니면, 그 증명에 대하여 그저 잊어버리고 다른 일을 했을지도 모른다.

1990년대에 실행된 최종적인 방식으로 정리를 증명하는 것은 페르마 자신이 알고 있었던 것보다 훨씬 많은 수학을 필요로 했다. 그 정리가 심오했던 것은, 그 역사가 인류 문명 전체에 걸쳐 있을 뿐만 아니라 문제의 최종적인 해결이 수학의 모든 영역을 이용하고, 어떤 의미에서는 그것들을 통합함으로써 가능했다는 점이었다. 그 정리를 최종적으로 포착한 것은 독립적으로 보이는 수학의 분야들을 통합했기 때문이었다. 그래서 시무라-타니야마 추론을 페르마의 마지막 정리의 증명에 필요한 스타일로 증명함으로써 최종적인 마무리를 지은 사람은 앤드류 와일스였지만, 증명 전체는 여러 사람의 공동작품이었다. 그리고 최종적인 해결이 가능했던 것은 그들의 업적이 모두 함께 묶여졌기 때문이었다. 에른스트 쿠머의 연구가 없이는 아이디얼의 이론이 있을 수 없고, 아이디얼이 없으면 배리 마주르의 연구가 존재할 수 없을 것이다. 마주르가 아니고서는 프라이에 의한 추론이 없을 것이고, 그 결정적인 추론과 세르에 의한 재해석이 없으면 시무라-타니야마 추론이 페르마의 마지막 정리를 확립할 것이라는 리벳의 증명이 없었을 것이다. 그리고 1955년에 도쿄-닛코에서 유타카 타니야마가 제시하고 그 후 고로 시무라가 다듬고 특화한 추론 없이는 페르마의 마지막 정리에 대한 어떤 증명도 가능했을 것 같지 않다. 그렇지 않다면 어떻게 되었을까?

물론, 페르마는 수학의 아주 다른 두 분야를 통합하여 아치로 연결하는 추론을 만들 수는 없었을 것이다. 혹은 그렇게 할 수 있었을까? 아무것도 확실하지 않다. 단지 그 정리가 최종적으로 확립되었다는 것과 그 증명이 전 세계 수십 명의 수학자들이 가장 세밀한 항목까지 점검하고 확인했다는 것을 알고 있을 뿐이다. 그러나 아주 복잡한 고등수학을 이용한 증명이 존재한다고 해서 더욱 간단한 증명이 존재하지 않는다는 것은 아니다. 사실 리벳은 그의 논문 하나에서 방향 제시를 하고 있는데 페르마의 정리의 증명이 시무라-타니야마 추론의 증명 없이 가능할지도 모른다는 것이었다. 그리고 페르마는, 지금은 없어진, 강력한 '현대' 수학을 많이 알고 있었을지도 모른다. (사실 그가 여백에 써놓았다 추정되는 바쉐 번역의 디오판토스 책은 발견되지 않았다.) 그래서 페르마가 그의 정리에 대한 "진정 경이로운 증명", 즉 책의 여백에는 써놓을 수 없었던 증명을 확보했는지 여부는 영원한 비밀로 남을 것이다.

왼쪽부터 존 코티스, 앤드류 와일스, 켄 리벳, 칼 루빈. 케임브리지 대학에서 역사적인 발표 직후에 와일스의 증명을 축하하고 있다.

게르트 팔팅스. 페르마의 마지막 정리에 대한 완전히 다른 접근법을 갖고 있었다. 와일스가 1993년에 첫 번째 시도에서 실패했을 때 많은 사람들은 팔팅스가 와일스를 패퇴시키고 정확한 증명에 먼저 도달하지 않을까 생각했다.

1993년 6월, 케임브리지에서 행한 세 번째 강의의 결정적 순간의 앤드류 와일스. 그때 페르마의 마지막 정리가 임박했다는 것이 분명했다.

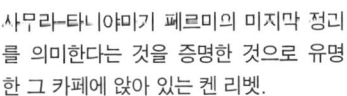
사무라-타니야미기 페르미의 미지막 정리를 의미한다는 것을 증명한 것으로 유명한 그 카페에 앉아 있는 켄 리벳.

옮긴이의 말

페르마의 마지막 정리는 아주 유명한 문제이다. 수학 선생님에게 이에 대한 이야기를 적어도 한 번은 듣게 마련이었다. 그런데 300년 이상 버티던 것이 이제 증명되었다는 것이다. 아미르 악셀이 지은 이 책은, 그 정리가 증명되고 나서 곧바로 나온 책으로 그 당시의 분위기를 생생하게 전하고 있다. 내용 전개는 대략 페르마의 마지막 정리가 형성되기까지의 역사적인 과정, 정리 증명의 기본 바탕이 되는 여러 수학적 개념의 발전, 증명의 구체화 과정 및 앤드류 와일스에 의한 최종적인 증명 등으로 나누어볼 수 있다.

정리의 성립 과정은 페르마 시대까지의 수학의 역사를 간추려 놓은 듯하다. 따라서 학생들에게 많은 도움이 될 것 같다. 다소 진부한 듯하나 페르마 방정식을 적어본다.

$$a^n + b^n = c^n, \quad n=\text{자연수}$$

    $n=1$인 경우에는 이 방정식을 만족하는 자연수 풀이가 $1+1=2$ 등으로 존재한다. $n=2$인 경우에는 피타고라스의 정리에 대응하며, 이 방정식을 만족하는 자연수 풀이가 $3^2+4^2=5^2$ 등으로 존재한다. 그런데 n이 3 이상이 되면 자연수 풀이가 전혀 없다는 것이다. 이것이 페르마의 마지막 정리이다.

    페르마 이후 2차대전까지 수학에는 수많은 천재들이 다양한 개념과 새로운 구조들을 발전시켰다. 이것들이 결국 페르마 정리의 증명에 밑바탕이 된다. 특히 오일러, 가우스, 아벨, 갈루아, 푸앵카레 등의 공적이 강조된다. 또한 그 정리 자체를 증명하려는 노력도 꾸준히 이어졌다. 그런데 여러 수학 천재들의 일화를 살펴보면, 그들을 부러워할 것만은 아니라는 느낌을 받기도 한다.

    2차대전 후 두 일본인에 의해 작성된 시무라-타니야마 추론이 페르마 정리의 증명에 직접적인 역할을 하게 된다. 1980년대가 되자 게르하르트 프라이, 켄 리벳 등 여러 사람들이 노력한 결과로, 시무라-타니야마 추론이 성립하면 페르마 정리가 입증된다는 논리 체계가 확립되었다. 이 장면에서 페르마 정리에 모든 것을 걸었던 앤드류 와일스가 등장한다. 증명 과정에 7년을 썼으며, 불완전한 부분을 보완하는 데 추가로 1년 이상이 소요되었으니 거의 '10년 공부'인 셈이었다. 우여곡절 끝에 페르마의 마지막 정리는 증명되었고 앤드류 와일스는 어린 시절의 꿈을 이루게 되었다.

이 책을 번역하면서 다시 느끼게 된 점을 열거하면 다음과 같다. "짧은 문제가 안 풀리면 정말 어렵다"는 것이 그 하나이다. 긴 문제는 대개 문제 안에 충분한 단서가 있으며, 어느 정도의 시간과 노력을 투입하면 풀리는 수가 많다. 이와는 대조적으로, 짧은 문제는 지식이나 집중력이 대폭 향상되고 나서야 겨우 해결되기도 한다. 이는 참선 수행에서의 '화두' 내지는 '공안公案'을 연상시키기도 한다. 그 다음으로는 "모든 것은 서로 연관되어 있다"는 것이다. 수학의 여러 독립적인 분야들과 그들 사이의 연관성 등이 페르마 정리의 증명에 귀착되었다. 마치 독도와 히말라야가 멀리 떨어져 있으며, 육로로는 연결이 어렵지만 지구의 일부로 서로 연결되어 있는 것과도 같다. 또 하나는 "인문사회 계통의 전공자들도 수학이나 물리학을 어느 정도는 공부하는 것이 바람직하다"는 것이다. 페르마 역시 직업은 관료였지만 대단한 수학자였다.

우리 나라는 잘 아는 바와 같이 물질적인 자원이 아주 부족하다. 심지어 식량조차도 자급과는 거리가 있다. 그나마 믿을 것은 사람뿐이고, 그래서 교육에 사활이 걸려 있다. 진지한 관심과 노력이 요구된다. 이런 맥락에서 수학교육 및 보급을 목표로 하여 수많은 양서를 출간하고 있는 도서출판 경문사에 심심한 감사의 뜻을 표한다.

청량산 중도서재에서
한창우

참고 문헌

Bell, Eric Temple, *Men of Mathematics,* New York: Simon & Schuster, 1937.
《수학을 만든 사람들》 (상·하), 미래사, 2002.
Boyer, Carl B., *A History of Mathematics,* New York: Wiley, 1968.
《수학의 역사》 (상·하), 경문사, 2000.
Edwards, Harold M., *Fermat's Last Theorem,* New York: Springer-Verlag, 1977.
Mahoney, Michael, *The Mathematical Career of Pierre de Fermat,* 2d ed., Princeton University Press, 1994.
Mar, Barry, "Modular Curve and the Eisenstein Ideal," Paris, France: *The Mathematical Publications of I.H.E.S.,* Vol. 47, 1977.
―――, "Number Theory as Gadfly," *American Mathematical Monthly,* Vol. 98, 1991.
Halmos, Paul R., "Nicolas Bourbaki," *Scientific American,* 196, May 1957.
Serre, Jean-Pierre, "lettre à J. -F. Mestre," *Current Trends in Arithmetical Algebraic Geometry,* Providence: American Mathematical Society, 1987.
Shimura, Goro, "Yukata Taniyama and His Time: Very Personal Pecollection," *Bulletin of the London Mathematical Society,* Vol. 21, 1989.
Silverman, Joseph H., John Tate, *Rational Points on Elliptic Curves,* New York: Springer-Verlag, 1992.
Stewart, Ian, *Nature's Numbers,* New York: Basic Books, 1995.
《자연의 수학적 본성》 (상·하), 두산동아, 1996.
Ribet, Kenneth A., Brian Hayes, "Fermat's Last Theormen and Modern

Arithmetic," *American Scientist,* Vol. 82, March-April, 1994.

Weil, André, *Oeuvres,* Vols. I-III, Paris: Springer-Verlag, 1979.

———, "Über die Bestimmung Dirichletscher Reihen durch Funktionalgleichungen." *Math. Annalen,* Vol. 168, 1967.

Wells, David., *Curious and Interesting Numbers,* London: Penguin Books, 1987.

찾아보기

ㄱ

가우스, 프리드리히 77~90, 110, 112, 130, 174
  《수론 연구》 79, 84, 88~89, 110
갈루아, 에바리스트 104~110, 113, 116, 167
거스리, 프란시스 76
공리axiom 47
그랜빌 124

ㄷ

대수학 55, 159, 164
데데킨트, 리하르트 112~114, 174
디드로 73
디리클레, 구스타프 레요이네 88~90, 98~99, 112
디리클레, 페테르 68
디오판토스 19, 22, 25, 52~54, 56, 66, 69, 130
  《산술》 19, 22, 53, 56, 66
디유돈네, 장 128

ㄹ

라메, 가브리엘 69, 96~97
로바체프스키, 이바노비치 102, 119
르베그, 알리 69
르장드르, 아드리엥마리 68, 88
리벳, 캔 154~164, 174, 178, 186~187
리우빌, 조지프 97, 110
린드 파피루스 62

ㅁ

마주르, 배리 21, 113, 157, 159~160, 164, 174, 186
모델, 루이스 121
모델의 추론 123, 152
모듈라 형식 83, 96, 117~121, 132~133, 140, 146 154, 165, 167~168, 179
〈모듈라 형식, 타원곡선, 그리고 갈루아 나툼〉 13
몽주, 가스파르 90
무한소 48~49

ㅂ
바빌로니아 시대 26~27
바셰, 클로드 53, 66
방정식 연구자들 63~65
베셀, 프리드리히 빌헬름 83
베유, 앙드레 128~129, 136, 139, 142~153, 164, 167
보여이, 야노스 102, 119
보형함수 96, 139~140, 142
볼프스켈 상 102
부르바키, 니콜라스 125, 127~129, 137

ㅅ
사르낙, 피터 24, 172~173
세르, 장 피에르 137, 144~147, 150, 155
소수 prime number 20
스튜어트, 이언 60
　《자연의 수학적 본성》 60
시무라, 고로 141~144
실진법 49
쐐기문자 27
4색 지도 76

ㅇ
《아라비안 나이트》 54~55
아르키메데스 17, 48~51, 174
　《방법》 51
　수차 50

아벨, 닐스 헨리크 87~88, 110~111, 134
아벨군 111
아이디얼 101
아이젠슈타인, 고트홀트 174
알콰리즈미, 이븐 무사 55
　《복원과 축소의 과학》 55
에우독소스 17, 48~49
오일러, 레온하르트 67, 69~73, 169
와일스, 앤드류 162
　어린시절의 꿈 162
　페르마의 마지막 정리에 대한 관심 163~168
　캠브리지 대학에서의 강의 11~15, 175
　결함의 발견 24, 177~179
　완전한 증명의 순간 182~183
위상수학 74~76, 121
유클리드의 《원론》 45
이상수 98~101

ㅈ
정리 theorem 47
제르맹, 소피 84~86
종수 genus 122~123
주기함수 92~96

ㅋ
카르다노, 제로니모 64~65
　《위대한 술법》 65

카츠, 닉 170~172, 178~180
칸토어, 게오르크 39~40
코시, 오귀스탱-루이 99, 105, 110~111
코티스, 존 11~12, 15, 162, 169, 175, 188
콘웨이 11
쾨니히스베르크 74~76
쿠머, 에른스트 에두아르트 97~101, 113, 159, 174, 186
크로네커, 레오폴드 39~40

ㅌ

타니야마, 유타카 134~142
타니야마-시무라 추론(시무라-타니야마 추론) 15, 153, 161, 163, 169, 175, 181, 186, 187
타르탈리아, 니콜로 64~65
타원곡선 130~133
테온 53
테트락티스 44

ㅍ

파이(원주율) 27, 37~38
파촐리, 루카 64
《팔라틴 선집》 52
팔팅스, 게르트 124, 149~150, 188
페로, 스키피오네 델 65
페르마, 피에르 드 16~20
푸리에, 조지프 90~92, 94~96, 117

푸앵카레, 앙리 114~120, 139~140, 191
  《위상해석학》 117
프라이, 게르하르트 153~161, 164, 174~175
플라흐, 매시아스 168~169, 171, 179
플림프턴 322 29, 30
피보나치 수 42, 57~62
피보나치(피사의 레오나르도) 57, 63
  《산반서》 57
  《제곱근서》 57
피타고라스 31~32
  피타고라스 삼중수 28, 30, 35
  피타고라스 오각형 42~43
  피타고라스 학파 33~44
필롤라오스 41
필산가 69

ㅎ

하이베르크 51
헤로도토스 45
  《역사》 46
황금분할 42~44, 62
히스-브라운 124
히프시클레스 53